FORSCHUNGSBERICHTE DES LANDES NORDRHEIN-WESTFALEN

Herausgegeben durch das Kultusministerium

Nr. 918

Institut für textile Meßtechnik M.-Gladbach e. V.
Mönchengladbach

Untersuchung der Verzugsvorgänge an den Streckwerken verschiedener Spinnereimaschinen

Als Manuskript gedruckt

WESTDEUTSCHER VERLAG / KÖLN UND OPLADEN

1960

ISBN 978-3-663-03789-7   ISBN 978-3-663-04978-4 (eBook)
DOI 10.1007/978-3-663-04978-4

Gliederung

1. Vorwort . . . . S. 4

2. Theoretische Erwägungen . . . . S. 5
   - 2. 1 Verzugswellen . . . . S. 5
   - 2. 2 Zylinderwellen . . . . S. 7
     - 2. 21 Schlagende Zylinder . . . . S. 9
     - 2. 22 Theoretische Berechnung der Amplitude von Zylinderwellen . . . . S. 11
       - 2. 221 Einschränkende Voraussetzungen . . . . S. 11
       - 2. 222 Die Faserendenverteilung . . . . S. 12
       - 2. 223 Die Faserzahlverteilung . . . . S. 13
       - 2. 224 Berücksichtigung der Stapelform . . . . S. 14

3. Versuchsdurchführung . . . . S. 15
   - 3. 1 Verwendete Geräte . . . . S. 15
     - 3. 11 Distanceur . . . . S. 15
     - 3. 12 Textronograph . . . . S. 16
     - 3. 13 Bandspannungsmeßeinrichtung . . . . S. 17
   - 3. 2 Prüfmaterial . . . . S. 19
   - 3. 3 Die Meßreihen . . . . S. 19

4. Versuchsauswertung . . . . S. 22
   - 4. 1 Die mittlere absolute Störbreite . . . . S. 22
   - 4. 2 Reduzierung auf den Mittelwert . . . . S. 23
   - 4. 3 Berücksichtigung der Kondensatorlänge . . . . S. 26
   - 4. 4 Koordinierung und Glättung der Meßreihen . . . . . S. 31
   - 4. 5 Vergleich der Meßreihen . . . . S. 33
     - 4. 51 Die errechnete Schwankungsbreite . . . . S. 34
     - 4. 52 Die theoretische Schwankungsbreite . . . . . . S. 35

5. Meß- und Auswerteergenisse . . . . S. 36
   - 5. 1 Einfluß von Verzug und Streckfeldweite . . . . S. 36
   - 5. 2 Einfluß der Exzentrizität . . . . S. 37
   - 5. 3 Abweichungen von der Theorie . . . . S. 38

6. Zusammenfassung . . . . S. 40

7. Verwendete Formelzeichen . . . . S. 42

8. Literaturverzeichnis . . . . S. 43

1. Vorwort

Die vorliegende Arbeit befaßt sich mit Störungen in den Streckwerken der Spinnereimaschinen, die sich als periodisch wiederkehrende Schwankungen des Querschnittes im ausgelieferten Band auswirken. Insbesondere soll der Schlag von Streckwerkszylindern und Druckrollen als Ursache derartiger Erscheinungen untersucht werden.

In Form theoretischer Erwägungen und mathematischer Berechnungen ist das angesprochene Problem bereits von verschiedenen Autoren mehrfach durchleuchtet worden. Bei Zugrundelegung im wesentlichen gleicher Voraussetzungen ergeben sich bei allen diesen Arbeiten sehr ähnliche Resultate, die die Abhängigkeit der Bandungleichmäßigkeit von der Größe eines Schlages angeben.

Es soll versucht werden, die praktische Anwendungsmöglichkeit derartiger Formeln experimentell zu untersuchen und, wenigstens größenordnungsmäßig, anzugeben, welche Abweichungen zwischen Theorie und Praxis bestehen.

Die Planung der Versuche geht auf den Leiter des ITM, Herrn Obering. H. STEIN zurück, während die Durchführung der experimentellen Arbeiten sowie die äußerst zeitraubende Auswertung der Einzeldiagramme von Herrn Text.-Ing. J. CLAVIEZ unter Leitung von Herrn Prof. Dr. W. ROSEMANN durchgeführt wurde. Für die mathematische Behandlung der Aufgabe zeichnet ebenfalls Herr Prof. Dr. W. ROSEMANN verantwortlich, dem besonders die Entwicklung des angewandten Auswerteverfahrens zur Feststellung der relativen Schwankungsbreite zu danken ist. Die Zusammenfassung der Einzelergebnisse und Ausarbeitung des Berichtes wurde von Herrn Dipl.-Ing. O BECKER übernommen.

Allen Beteiligten an dieser echten Team-Arbeit sei der herzlichste Dank ausgesprochen.

Institut für textile Meßtechnik
M. Gladbach e. V.

2. Theoretische Erwägungen

Die Spinnerpraxis muß sich in steigendem Maße darauf einstellen, daß ihre in die Weiterverarbeitung gehenden Garne einer ständig schärfer werdenden Examination nach der Qualität unterworfen werden. Die vor noch nicht allzu langer Zeit einzige Frage nach der Garnfestigkeit wurde dadurch, daß vollautomatisch arbeitende Festigkeitsprüfer zur Anwendung kommen, nicht unwesentlich verschärft, gleichzeitig wurden Dehnungswerte ermittelt. Ein ganz erheblicher Anteil an der Garnprüfung wird im Zuge der Fortentwicklung des textilen Prüfwesens der Gleichförmigkeitsprüfung eingeräumt. Neuerdings erlauben moderne Geräte nicht nur eine quantitative Aussage über die Garnungleichmäßigkeit, sondern gestatten es, diese Ungleichmäßigkeiten zu analysieren.

Querschnittsschwankungen im Gespinst wirken sich vor allem dann ungünstig aus, wenn sie sich streng periodisch wiederholen. Bei der Weiterverarbeitung zu Geweben und Gewirken ergeben sich unter bestimmten Voraussetzungen in der Fertigware Bildwirkungen - Moiré-Effekte. Derartige Erscheinungen sind außerordentlich störend und können das Material für den vorgesehenen Verwendungszweck völlig ungeeignet machen. [1], [2].

Das Auffinden von periodischen Querschnittsschwankungen ermöglicht der "Spektrograph" von Zellweger (Uster/Schweiz). Er wirft nach Beendigung der Gleichförmigkeitsprüfung ein Diagramm aus, welches über der nach Wellenlängen geteilten Abszisse in der Ordinate die Intensität der zu jeder Wellenlänge gehörenden Schwankung angibt.

Nach theoretischen Erwägungen läßt sich ein Idealspektrogramm errechnen, welches die bestmöglichen, noch erreichbaren Werte angibt. Das tatsächlich gemessene Spektrogramm muß überall oberhalb der Kurve der Idealwerte liegen. Der Abstand zwischen realer und idealer Kurve gibt Hinweise auf Fehler, die sowohl materialbedingt sein als auch aus der Maschinenanlage oder der Organisation des Arbeitsablaufes herrühren können.

2.1 Verzugswellen

Die Ursache für das Entstehen von "Periodengarnen" sind unterschiedlicher Art. Es ist bekannt, daß sich bei ungünstigen Streckwerkseinstellungen Verzugswellen ausbilden können. Charakteristisch für diese

Erscheinung ist, daß die Länge der Verzugswellen im allgemeinen innerhalb gewisser Grenzen um einen Mittelwert schwankt. Beim Vorhandensein einer Verzugswelle wird deshalb beispielsweise das Spektrogramm eines Garnes einen Höcker aufweisen, welcher vom Idealspektrum relativ stärker abweicht als die anderen Stellen des gemessenen Spektrogrammes. Die Entstehung dieser Höcker ist so zu erklären, daß die Verzugswellen einerseits in regelmäßiger Folge auftreten und verschwinden und daß andererseits ihr Erscheinen zwar periodisch ist, die Frequenz aber in gewissen Grenzen schwankt.

Erfahrungsgemäß bilden sich diese Vorgänge abhängig von der Art und Beschaffenheit der verarbeiteten Materialien stark unterschiedlich aus. So ist es zu erklären, daß die eine Chemiefasertype besonders stark zu Schnittbildungen neigt und außerordentlich empfindlich auf die angewandten Streckwerkseinstellungen reagiert, während eine andere Type ohne große Schwierigkeiten auch in ungünstigen Fällen verarbeitet werden kann.

Sicherlich geht das Bemühen der Faserhersteller immer in Richtung auf eine anstandslos verspinnbare Faser. Modifizierungen im Faseraufbau in der Faseroberfläche und insbesondere eine kritische Auswahl der Avivagemittel sind die Wege dahin. Sorgfältig ausgearbeitete Verarbeitungsvorschriften ergänzen diese Maßnahmen. Schon kleine Abweichungen hiervon, die der Spinner vielleicht noch für zulässig hält, können unerwünschte Rückschläge im oben angegebenen Sinne zur Folge haben.

Mit Abbildung 1 wird das Gleichmäßigkeitsdiagramm eines Zellwollgarnes sowie das dazugehörige Spektrogramm gezeigt.

Im Diagramm ist deutlich sichbar, wie gelegentlich starke Querschnittsschwankungen auftreten, die sich zwar periodisch wiederholen, jedoch ohne dabei eine klar definierte Wellenlänge erkennen zu lassen. Das Spektrogramm, in welches ein Idealspektrogramm eingezeichnet wurde, zeigt Höcker im Bereich der Wellenlängen von 8 cm bis 15 cm und oberhalb von 45 cm. Die auf das Vorhandensein von Verzugswellen hindeutenden Teile des Spektrogramms sind durch Schraffur hervorgehoben.

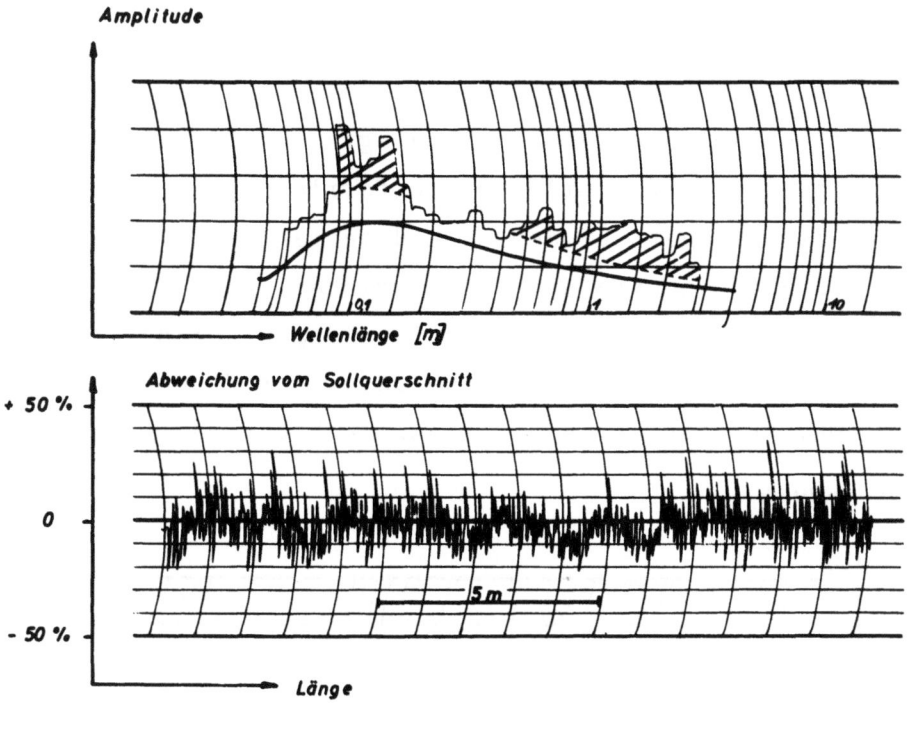

Abbildung 1
"Verzugswellen"
Gleichförmigkeitsdiagramm (unten) und Spektrogramm (oben)
von Zellwollgespinst Nm 60 (17 tex)

2.2 Zylinderwellen

Im Gegensatz zu den erwähnten Verzugswellen steht eine andere Art von Garnperioden, die sich im Spektrogramm bei genau definierter Wellenlänge durch ausgeprägte, aus dem normalen Ablauf weit herausragende Spitzen ausweisen. Die Entstehungsursache derartiger Wellen ist stets in Unregelmäßigkeiten des Maschinenlaufs zu finden. Diese Maschinenfehler bewirken, daß der tatsächlich auf das Fasermaterial ausgeübte Verzug nicht konstant ist, sondern in gewissen periodischen Grenzen schwankt.

Das charakteristische Beispiel einer Zylinderwelle wird in Abbildung 2 wiedergegeben. Hier sind im Gleichförmigkeitsdiagramm deutlich Wellen mit stets gleichbleibendem Abstand erkennbar. Das Spektrogramm weist mit seinem schraffierten Teil eine Periode aus, deren Wellenlänge etwa 13 cm beträgt.

Eine besondere Art von periodischen Querschnittsschwankungen im Garn sollte an dieser Stelle erwähnt werden, da sie oft leicht als Verzugswelle angesprochen wird, obgleich es sich im strengen Sinne eher um

Zylinderwellen handelt. Diese Querschnittsschwankungen entstehen beispielsweise leicht auf Flyern, deren Zylinder, meistens die Einzugszylinder, aus irgendwelchen maschinenbedingten Gründen in Drehschwingungen geraten oder sonstwie mit ungleichförmiger Umfangsgeschwindigkeit umlaufen. Im Flyergarn bilden sich demgemäß reine Zylinderwellen aus, jedoch sind diese häufig nicht nachweisbar. Der Grund hierfür liegt darin, daß solche Schwankungen Wellenlängen von nur wenigen mm haben. Dieser Wert liegt im allgemeinen unter der Kondensatorbreite der zur Gleichmäßigkeitsprüfung eingesetzten Hochfrequenzgeräte.

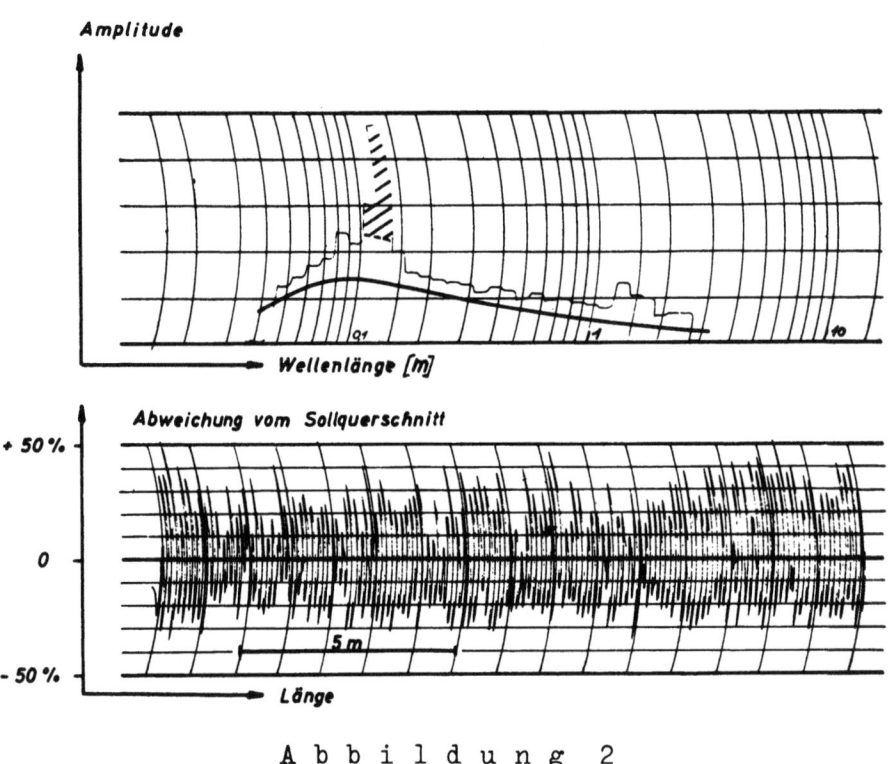

A b b i l d u n g 2
"Zylinderwellen"
Gleichförmigkeitsdiagramm (unten) und Spektrogramm (oben)
von Zellwollgespinst Nm 60 (17 tex)

Infolge der integrierenden Wirkung dieser Apparate wird die auf dem Flyer durch Drehschwingungen entstandene Zylinderwelle unter Umständen stark gedämpft und kommt in besonders ungünstigen Fällen gar nicht zur Anzeige. Erst bei der Prüfung der Garne werden solche Perioden dann mit einer infolge des Verzugs auf der Ringspinnmaschine vervielfachten Wellenlänge sichtbar. Da sich an den betreffenden Ringspinnmaschinen keine periodischen Laufunruhen nachweisen lassen, liegt die Einstufung dieser Garnfehler als Verzugswellen oft nahe, insbesondere dann, wenn ihre Frequenz ein Spektrum gewisser Breite ausfüllt.

Zylinderwellen lassen sich in den meisten Fällen durch Ausmessung
ihrer Länge und rechnerische Berücksichtigung des Spinnplanes auf ihren
Ursprung zurückführen. [2].

Eine Zylinderwelle wird um so stärker in Erscheinung treten, je gleichmäßiger das betreffende Gespinst bei einwandfreier Beschaffenheit der
Streckwerkzeuge ausgefallen wäre. Es resultiert daraus die Überlegung,
daß es auf eine peinlich **genaue Überwachung** der Spinnmaschine und insbesondere des Streckwerkes vor allem dann ankommt, wenn durch Wahl eines
hochwertigen Rohstoffes, durch eine entsprechende Vorbereitung und
sorgfältiges Arbeiten nach einem genau ausgearbeiteten Spinnplan ein
Garn mit kleinstmöglicher Ungleichmäßigkeit ersponnen werden soll.

2. 21 Schlagende Zylinder

Die Bezeichnung "Zylinderwelle" deutet bereits darauf hin, daß den Zylindern der verschiedenen Spinnereimaschinen eine besondere Bedeutung
bei der Entstehung der erwähnten periodischen Gleichmäßigkeitsschwankungen zukommt. Das ist insofern der Fall, als bei sonst einwandfreien
Voraussetzungen der ungleichförmige Lauf irgendeines Zylinders dazu
führt, daß im Verzugsfeld nicht unveränderlich der eingestellte Verzug
wirksam ist, sondern daß der tatsächlich ausgeübte Verzug um den eingestellten als Mittelwert schwankt. Die Umfangsgeschwindigkeit der
Zylinder im Klemmpunkt sowie eine unter Umständen vorhandene Verlagerung des Klemmpunktes in Verstreckungsrichtung und deren Geschwindigkeit sind maßgebend für die Größe des jeweils ausgeübten Verzuges.

Während Veränderungen in der Umfangsgeschwindigkeit eines Zylinders
auch aus Schwankungen im Zylinderantrieb herrühren können oder, in wenigen Fällen, aus Torsionsschwingungen resultieren, ist eine Verlagerung des Klemmpunktes - sie ist stets mit einer Schwankung der Umfangsgeschwindigkeit im Klemmpunkt verbunden - auf Fehler im Zylinder selbst
zurückzuführen. Es kann sich hierbei entweder um Exzentrizitäten oder
um Abweichungen des Zylinderquerschnittes von der Kreisform handeln.
Insbesondere schlagende Walzen sind häufig anzutreffen, wobei in den
meisten Fällen der untere, angetriebene Zylinder ruhig läuft, während
die Druckrolle infolge Abnutzung, länger andauernden Stillständen bei
wirksamer Zylinderbelastung oder ähnlichen Einflüssen mit einem Rundlauffehler behaftet ist. Bei einer besonders ungünstigen Konstellation,
d.h. wenn sowohl der Zylinder als auch die Druckrolle mit einem Schlag

behaftet sind, werden sich naturgemäß extrem starke Periodenbilder zeigen. Infolge der in den meisten Fällen unterschiedlichen Durchmesser von Zylinder und Druckrolle werden die durch die beiden Walzen bedingten Wellen ebenfalls von unterschiedlicher Länge sein. Es ergibt sich deshalb im ausgelieferten Band eine aus beiden Schwankungen resultierende Schwingung, die infolge der Wellenlängendifferenz in Form einer Schwebung auf- und abschwellen wird. Abbildung 3 zeigt diese Erscheinung für die Kombination zweier Exzentrizitäten. Die zu den jeweiligen Diagrammabschnitten gehörende Zylinderkonstellation ist auf den Schaubildern eingetragen.

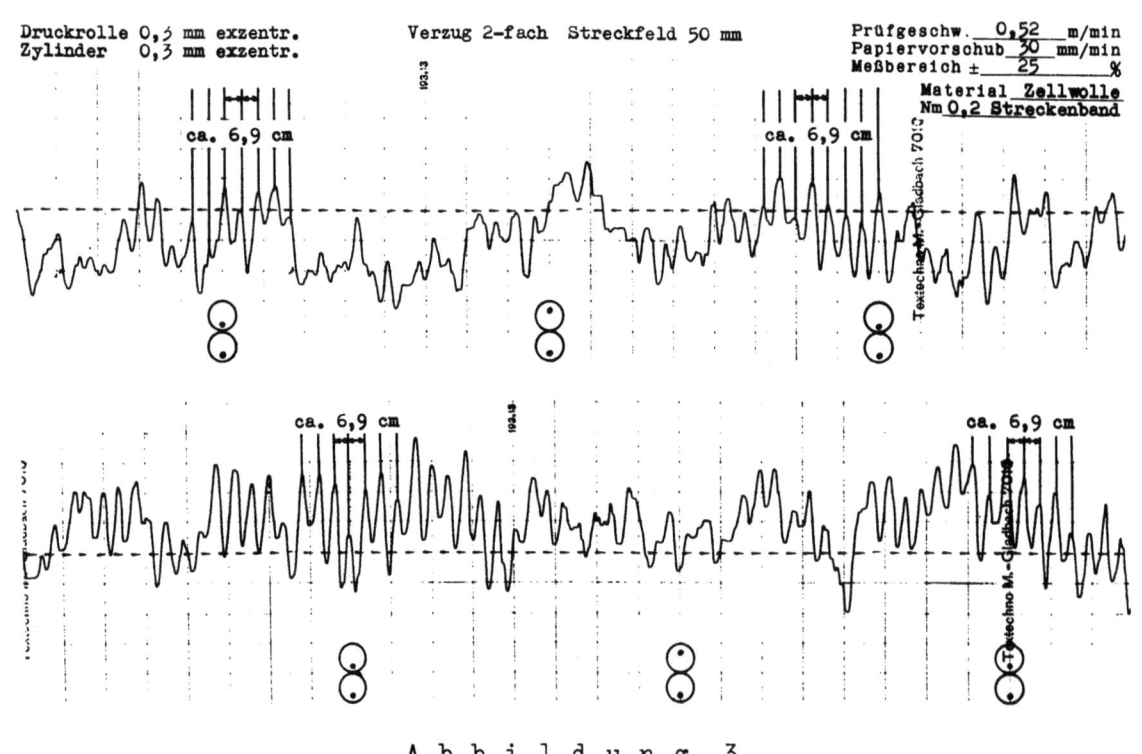

Abbildung 3
Entstehung von Schwebungen bei Zylinderwellen

Interessant ist, daß die Länge einer Zylinderwelle oftmals nicht exakt dem Umfang der erzeugenden Walze entspricht, sondern, insbesondere bei Druckrollenwellen, länger ausfällt. Der Grund hierfür ist in einem Schlupf der Druckrolle auf dem Zylinder bzw. auf dem zwischen Zylinder und Druckrolle liegenden Fasermaterial zu suchen. Da die Druckrollenwelle sich mit jedem Druckrollenumlauf wiederholt, erscheint sie nunmehr infolge der zu kleinen Drehzahl der Rolle seltener und somit, bei gleichbleibender Ablieferungsgeschwindigkeit, mit größerer Wellenlänge. Der Charakter von Schwebungserscheinungen infolge gleichzeitig schlagenden Zylindern und Druckrollen wird also vom Druckrollenschlupf abhängen. Diese Zusammenhänge sind anschaulich in Abbildung 4 sichtbar gemacht, wo sich die Länge der Schwebungen infolge eines durch Erhöhung der Bandstärke (erhöhte Doublierung) vergrößerten Druckrollenschlupfes verändert.

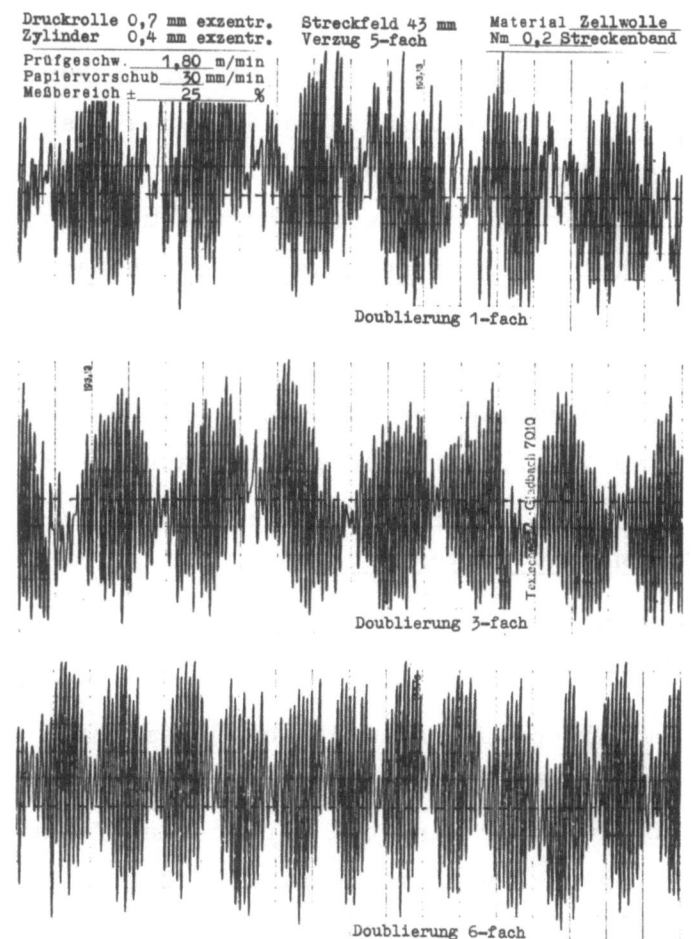

Abbildung 4

Veränderung der Schwebungslänge infolge Druckrollenschlupfes wegen zu großer Banddicke

Die Beeinflussung der Länge einer Zylinderwelle durch einen Schlupf der unrund laufenden Druckrolle kann leicht dazu führen, daß sich im Spektrogramm ein Erscheinungsbild zeigt, welches eher auf eine Verzugswelle als auf eine Zylinderwelle hindeutet.

2.22 Theoretische Berechnung der Amplitude von Zylinderwellen

2.221 Einschränkende Voraussetzungen

Ausführliche theoretische Betrachtungen und Versuche, die aus einem Zylinderschlag resultierende Garnungleichmäßigkeit rechnerisch vorauszubestimmen, sind bereits verschiedentlich unternommen worden [3], [4], [5].

Es ist stets erforderlich, daß gewisse einschränkende Voraussetzungen gemacht werden, damit der an sich komplexe Verzugsvorgang mathematisch erfaßbar wird. Für den vorgesehenen Zweck ist es wichtig, daß ein vollkommen geregelter Verzug vorliegt und daß das dem Streckwerk vorgelegte Band einschränkungslos gleichmäßig ist. Weiterhin ist es erforderlich, daß eine konstante Faserendendichte vorliegt. Diese Forderung bedeutet, daß bei konstantem Umlauf des Einzugszylinders die Faserenden mit gleichbleibenden Zeitabständen diesen passieren. Für die Zwecke der nachfolgend erwähnten Berechnungen wurde außerdem vorausgesetzt, daß Ober- und Unterzylinder die gleichen Durchmesser haben, weiterhin, daß bei Beginn der Versuche die Anstellwinkel gleich sind. Diese Forderung bedeutet, daß die Lage der Exzentrizität bezüglich einer gemeinsamen Bezugsrichtung, beispielsweise der Horizontalen, für Ober- und Unterzylinder übereinstimmt. Darüberhinaus soll vorausgesetzt werden, daß die Rechnung für Verzüge, die größer als 2,5fach sind, Anwendung findet. Schlupferscheinungen sind ausgeschlossen.

2. 222 Die Faserendenverteilung

Während die Faserenden, entsprechend den oben gemachten Voraussetzungen, den Einzugszylinder in gleichmäßiger Folge passieren, wird der Lieferzylinder, infolge einer hin- und hergehenden Klemmpunktswanderung, die ihm vorgelegten Fasern mit ungleichmäßigen Abständen erfassen und, wegen der ihm eigentümlichen, schwankenden Umfangsgeschwindigkeit, mit unterschiedlicher Geschwindigkeit weitertransportieren. Beide Ereignisse wiederholen sich ebenso wie ihre Ursachen mit jeder Umdrehung des Zylinders. Im ausgelieferten Band wird die Faserendendichte jetzt periodisch wechseln, wobei die Wellenlänge der Periode dem Lieferzylinderumfang entspricht. Es ergibt sich eine Sinusschwingung um eine Mittellage, die gleich der Faserendendichte bei fehlendem Schlag ist. Die Amplitude dieser Welle läßt sich berechnen aus [3]:

$$A = \frac{k \cdot c}{r} \left(1 - \frac{a}{k \cdot c} \right)$$

Dabei ist

$$c = \frac{a+b}{2}$$

Es bedeuten:

- A = relative Amplitude der Faserendendichtenschwankung
- k = Verzug
- a = Exzentrischer Abstand beim Zylinder
- b = Exzentrischer Abstand bei der Druckrolle
- r = Radius von Zylinder und Druckrolle

Nach geringfügiger Umformung erhält man aus dieser Formel

$$A = \frac{k \cdot c - a}{r}$$

und nach Einsetzen von c ergibt sich

$$A = \frac{a}{2r}(k - 2) + \frac{b}{2r} \cdot k$$

Hieraus ist zu entnehmen, daß sich eine gleichgroße Exzentrizität bei gleichem Verzug dann stärker auswirkt, wenn sie in der Druckrolle liegt.

Für die vorliegende Aufgabenstellung soll die relative Schwankung der Faserendendichte in Prozentwerten angegeben werden. Die Formel lautet dann:

$$y = \frac{a}{2r}(k - 2) \cdot 100 + \frac{b}{2r} \cdot k \cdot 100$$

$$\text{Zylinderanteil} \qquad \text{Druckrollenanteil}$$

2.223 Die Faserzahlverteilung

Die aufgrund von theoretischen Berechnungen abgeleitete Anordnung der Faserenden im verzogenen Band kann experimentell nicht nachgeprüft werden. Dem Versuch zugänglich ist vielmehr nur der Bandquerschnitt, also die Anzahl der Fasern, die an der jeweils betrachteten Stelle des Bandes vorhanden ist. Der Übergang zu diesem Wert erfolgt durch Multiplikation der Faserendenamplitude mit einem Faktor f.

$$f = 2\frac{r}{M} \cdot \sin\frac{M}{2r}$$

mit

M = Faserlänge

Wie die angegebene Formel erkennen läßt, kann der Faktor f zu Null werden, wenn die Faserlänge gleich dem Zylinderumfang ist. Es müßte sich in diesem Falle, trotz schlagender Zylinder, ein vollkommen gleichmäßiges Band ergeben, welches allerdings, wenn es weiteren Verzügen unterworfen werden würde, nach dem neuen Verzug wieder periodische Dickeschwankungen zeigen muß. Es ergibt sich hier aus der Theorie eine interessante Perspektive, deren Verwirklichung und experimenteller Nachweis jedoch, nicht zuletzt wegen der praktisch nicht realisierbaren Voraussetzungen des Abschnittes 2. 221, als undurchführbar bezeichnet werden müssen.

Für die vorliegenden Untersuchungen errechnet sich der Umrechnungsfaktor bei einer Faserlänge M = 40 mm und dem Zylinderradius r = 11 mm zu

$$f = 0,534$$

2. 224 Berücksichtigung der Stapelform

Der im vorstehenden Abschnitt erläuterte Faktor f gilt nur dann ohne Einschränkung, wenn alle versponnenen Fasern die gleiche Länge haben.

Durch Multiplikation des Wertes der Amplitude für die Faserzahl im Bandquerschnitt mit einem Faktor f_1 wird die Stapelform berücksichtigt. Beispielsweise ist bei einem Stapel mit Normalverteilung der Faserlänge $f_1 = 0,621$.

Für eine dreieckige Verteilungsform der Faserlängen, die der tatsächlichen Längenverteilung oft besser als eine Glockenkurve entspricht, kann der Faktor f_1 ebenfalls berechnet werden [3].

Aufgrund der theoretischen Erwägungen sollte zu erwarten sein, daß die Größen:

> Verzug k
> Exzentrischer Zylinderabstand a
> Exzentrischer Druckrollenabstand b

für das Aumaß der periodischen Dickeschwankungen maßgeblich sein werden, während die

> Streckfeldweite L

ohne Einfluß bleiben sollte. Erfahrungsgemäß steht jedoch die jedem Spinner geläufige Erscheinung außer Zweifel, daß gerade die Streckfeldweite (auch Zylinderstellung genannt) die Gleichmäßigkeit des verzogenen Materials stark mitbestimmt.

3. Versuchsdurchführung

Um die Möglichkeit zu erlangen, die Ergebnisse der theoretischen Berechnung einer Zylinderwelle mit den tatsächlichen Gegebenheiten der Praxis zu vergleichen, wurde eine große Anzahl von Versuchen durchgeführt.

3. 1 Verwendete Geräte

3. 11 Distanceur

Während der Messung wurde der Distanceur als Streckwerk verwendet. Dieses Gerät besteht in seinen Hauptteilen aus einem Streckwerk mit vier hintereinander geschalteten Zylinderpaaren, wobei sich sowohl die Verzüge zwischen den einzelnen Zylindern als auch die Streckwerksweiten in einfacher Weise verstellen lassen. Ebenfalls ist die Antriebsgeschwindigkeit des Gerätes verstellbar wie auch der Belastungsdruck für die einzelnen Klemmpunkte.

Im vorliegenden Falle wurden nur die beiden vorderen Zylinderpaare verwendet, d.h. das Verziehen des zu untersuchenden Materials wurde in einem einfachen Einzonenklemmstreckwerk durchgeführt, wie es auch den theoretischen Betrachtungen zugrundeliegt.

Um mit verschiedenen Exzentrizitäten arbeiten zu können, wurde der untere Lieferzylinder derart umgebaut, daß durch Auswechseln von Exzenterbüchsen ein exzentrischer Abstand der Symmetrieachse des Zylinders von seiner Drehachse in den Größen von a = 0,0 mm; 0,1 mm; 0,2 mm; 0,3 mm; oder 0,4 mm eingestellt werden konnte.
Die sich daraus ergebende Exzentrizität, d.h. das Verhältnis von exzentrischem Abstand a zum Zylinderradius r = 11 mm betrug also = 0,0000; 0,0091; 0,0182; 0,0273 und 0,0364. Als Druckrolle standen drei verschiedene Walzen zur Verfügung, die mit aufgeschrumpften Exzenterbüchsen von b = 0,0 mm; 0,3 mm und 0,7 mm Schlag versehen waren, wodurch sich Exzentrizitäten von 0,0000; 0,0182 und 0,0636 ergaben.

Die Streckfeldweite läßt sich am Distanceur bis zu einem Wert von 53 mm einstellen. Die Verzugsgröße kann in feinen Stufen von 1fach bis 20fach gesteigert werden.

Die Abbildung 5 zeigt den Distanceur in Draufsicht.

Abbildung 5
Distanceur in Draufsicht

Die Durchlaufrichtung des Materials ist durch einen Pfeil gekennzeichnet. Am Geräteeinlauf sowie am Auslauf sind die beiden Meßkondensatoren der im folgenden Abschnitt zu beschreibenden Hochfrequenz-Gleichförmigkeitsprüfanlage angeordnet.

3. 12 Textronograph

Zur Messung der Querschnittsschwankungen sowohl des einlaufenden als auch des auslaufenden Bandes wurde der Hochfrequenz-Gleichförmigkeitsprüfer "Textronograph" verwendet. Mit seiner Hilfe ist es möglich, die Querschnittsschwankungen des Bandes, jeweils integriert über die dem Gerät eigentümliche Meßlänge, in einem rechtwinkeligen Koordinatensystem über einer Zeitachse zu registrieren.

Das Gerät arbeitet nach dem kapazitiven Prinzip, wobei ein Kondensator in Brückenschaltung, nachdem diese sowohl in bezug auf Phase als auch Amplitude abgeglichen war, durch das eingebrachte Prüfgut seine Kapazität ändert. Die Verstimmung der Brücke wird elektrisch vergrößert. Zur besseren Ausnutzung der Anzeigeskala bzw. des Schreibpapiers und deutlichen Darstellung der Kurvenzüge wird bei einigen Meßbereichen eine Nullpunktunterdrückung vorgenommen. Danach wird die hochfrequente Wechselspannung gleichgerichtet. Die zwei Geräteausgänge, welche einmal das Anzeigeinstrument des Gerätes und gleichzeitig den Tintenschreiber ansteuern sowie zum anderen für den Anschluß eines Oszillographen oder Integriergerätes geeignet sind, besitzen getrennte Verstärkungsstufen. Auf diese Weise ist eine Entkopplung beider Ausgangskreise gewährleistet, was den Vorteil hat, daß sich Dämpfungen aus den Anzeige- und Schreibgliedern nicht auf die Anzeige des Integrators auswirken.

Eine schematische Skizze der Textronographenschaltung ist in Abbildung 6 wiedergegeben.

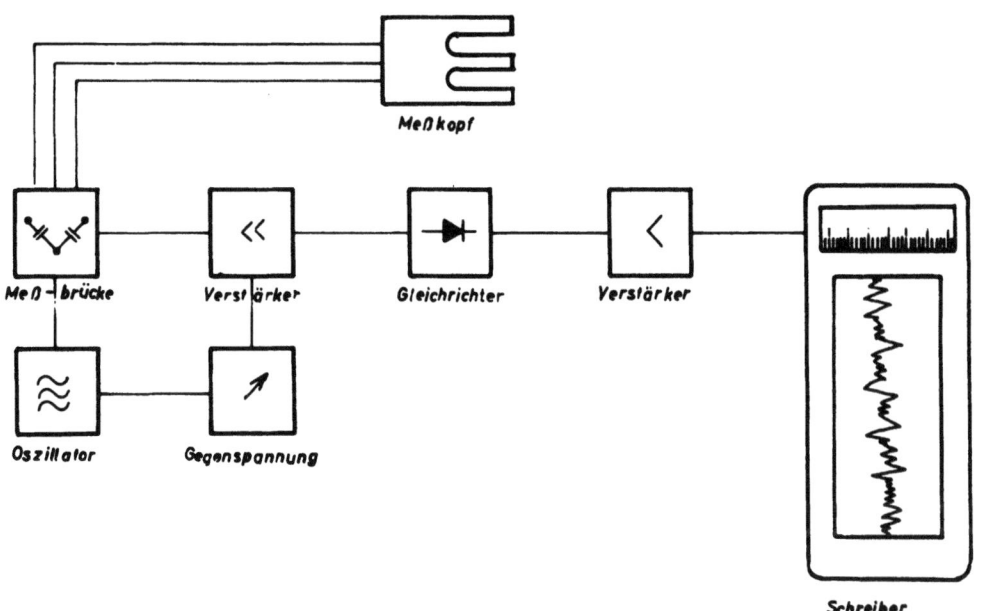

A b b i l d u n g 6
Blockschaltbild des Gleichförmigkeitsprüfers
"Textronograph"

Der Meßkondensator des Gerätes kann an der Arbeitsmaschine direkt eingesetzt werden. Im vorliegenden Falle wurden zwei komplette Gleichförmigkeitsprüfer benutzt. Einer davon überwachte das in den Distanceur einlaufende, der andere das verzogene Band.

3. 13 Bandspannungsmeßeinrichtung

Der vollständige Versuchsaufbau ist in Abbildung 7 sichtbar.

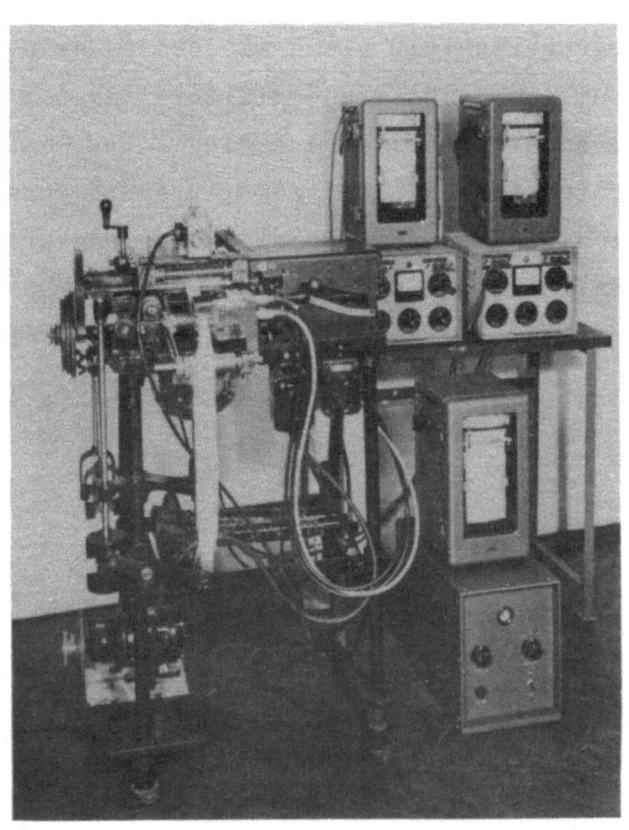

A b b i l d u n g 7
Distanceur mit 2 Textronographen und Einrichtung
zur Messung der Verzugskraft

Hier stehen neben dem Distanceur auf einem Tischchen die beiden Textronographen einschließlich der dazugehörigen Tintenschreiber, von denen der eine die Querschnittsschwankungen des zulaufenden Bandes, der andere diejenigen des ablaufenden registriert. Am Boden steht der Meßverstärker und Tintenschreiber einer in das Streckfeld eingebauten Verzugskraftmeßeinrichtung. Diese besteht aus einer magnet-elektrischen Meßeinrichtung Type "Elmataster". Am Federstab des Meßkopfes ist ein Fühlglied angebracht, welches die Bandspannung innerhalb des Streckfeldes abtastet. Der Meßkopf selbst ist an der höchsten Stelle des Distanceur sichtbar.

Da die Messung der Verzugskräfte bei dieser Anordnung durch Abfühlen des Bandes, also mit einer, wenn auch geringen, Ablenkung aus der geraden Richtung vorgenommen wurde, war sie sicherlich mit einer Störung der Verzugsvorgänge verbunden. Für die Zwecke der eigentlichen Messung wurde deshalb die Verzugskraftmeßeinrichtung entfernt und lediglich die Querschnittsschwankungen festgestellt.

3.2 Prüfmaterial

Die Versuche wurden im wesentlichen an Zellwollmaterial durchgeführt. Es stand Streckenband der metrischen Nummer 0,2 (5 ktex) aus Zellwolle 1,5 den (0,1667 tex) mit einer Schnittlänge von 40 mm zur Verfügung.

Eine einzige Meßreihe wurde mit Baumwollmaterial durchgeführt, welches ebenfalls in Form von Streckenband Nm 2 (5 ktex) vorlag.

3.3 Die Meßreihen

Durch die Versuche sollte geklärt werden, wie groß die Amplitude der Gleichförmigkeitsschwankung ist, wenn das Faserband durch ein normales Zweizylinderstreckwerk läuft, dessen Lieferzylinder bzw. Lieferdruckrolle infolge von Exzentrizitäten einen ungleichförmigen Verzug ausüben. Zweifellos ist damit zu rechnen, daß entgegen den in Kapitel 1.221 gemachten einschränkenden Voraussetzungen sowohl __kein geregelter Verzug__ als auch __keine konstante Faserendendichte__ vorhanden ist. Ebenso werden die __Anstellwinkel nicht gleich__ sein. Diesen Gegebenheiten muß sowohl bei der Versuchsdurchführung als auch bei der Versuchsauswertung Rechnung getragen werden.

Um den Einfluß des nicht geregelten Verzuges auszugleichen, wurden in allen Fällen, in denen Meßreihen mit exzentrischen Zylindern gefahren wurden, Vergleichsversuche unter den gleichen sonstigen Bedingungen jedoch mit schlagfreien Zylindern durchgeführt. Aufgabe der Versuchsauswertung ist es dann, aus den Ergebnissen dieser Vergleiche den Einfluß des Exzenterschlages zu eliminieren.

Im Sinne der Theorie dürften im zulaufenden Band Ungleichmäßigkeiten nicht vorhanden sein. Auch diese Voraussetzung ist im praktischen Versuch nicht realisierbar. Die Schwankungen des zulaufenden Bandes sind jedoch, wie im Kapitel 4.2 nachgewiesen werden wird, im ablaufenden Band deutlich wiederzuerkennen und können bei der Versuchsauswertung entsprechende Berücksichtigung finden.

Insgesamt wurden 21 Meßreihen an Zellwollmaterial durchgeführt. Eine Übersicht über die dabei verwendeten Einstellungen ist mit Tabelle 1 gegeben.

Aus der nachstehenden Tabelle ist ersichtlich, daß in jeder Versuchsreihe eine der vier Größen:

Streckfeldweite	L	[mm]
Verzug	k	[mm]
Exzentrischer Abstand des Unterzylinders	a	[mm]
Exzentrischer Abstand des Oberzylinders	b	[mm]

variiert wurde, während die drei anderen konstant blieben. Auf diese Weise konnte eine große Anzahl von Kombinationen zwischen Streckfeldweite und Verzug bezüglich ihrer Anfälligkeit auf schlagende Zylinder untersucht werden. Es ergab sich hierbei die Möglichkeit, da gleichartige Kombinationen sich in verschiedenen Meßreihen wiederholen, die Übereinstimmung der Meßreihen zu kontrollieren. Es wurde dadurch eine große Sicherheit in der Versuchsdurchführung erreicht.

Es wurden die folgenden Variationsbereiche der vier oben genannten Veränderlichen angewandt.

$$1 \leq k \leq 20$$
$$40 \text{ mm} < L \leq 54 \text{ mm}$$
$$0,0 \text{ mm} \leq a \leq 0,4 \text{ mm}$$
$$0,0 \text{ mm} \leq b \leq 0,7 \text{ mm}$$

Tabelle 1
Übersicht über die Meßreihen

Zulaufendes Material: Zellwolle 1,5 den (0,1667 tex) 40 mm in Bandform
Nm 0,2 (5 ktex)

Nr.	Streckfeldweite L [mm]	Verzug k	Exzentrischer Abstand	
			Unterzylinder a [mm]	Oberzylinder b [mm]
1	43	variiert	0,4	0,0
2	50	variiert	0,4	0,0
3	variiert	1	0,4	0,0
4	variiert	4	0,4	0,0
5	variiert	7	0,4	0,0
6	43	variiert	0,0	0,0
7	50	variiert	0,0	0,0
8	variiert	4	0,0	0,0
9	variiert	7	0,0	0,0
10	43	1	variiert	0,0
11	43	7	variiert	0,0
12	50	1	variiert	0,0
13	50	4	variiert	0,0
14	50	7	variiert	0,0
15	43	4	variiert	0,0
17	43	10	variiert	0,0
18	43	8	variiert	0,0
19	53	4	variiert	0,0
20	43	10	0,0	variiert
21	43	8	0,0	variiert
22	43	4	0,0	variiert

4. Versuchsauswertung

Im allgemeinen ist es üblich, die Messeschwankungen eines Prüfgutes nach den zugehörigen, linearen oder quadratischen, Ungleichmäßigkeiten zu beurteilen. Diese Begriffe haben jedoch den Nachteil, daß sie von einer willkürlich wählbaren Integrationslänge abhängig sind und daher in einwandfreier Weise nur durch Längenvariationskurven zur Darstellung gebracht werden können. An sich wäre es möglich, diese Integrationslänge für alle Meßreihen einheitlich festzulegen, wobei allerdings mit der gebotenen Vorsicht die Wahl so getroffen werden sollte, daß eine allzu starke Dämpfung der Perioden, deren Wellenlänge ja bekannt ist, nicht eintritt.

Da der vorliegenden Arbeit die Aufgabe gestellt ist, einen Vergleich zwischen den theoretisch errechenbaren und den gemessenen Werten durchzuführen, ist es zweckmäßig, beide von vornherein in der gleichen Maßeinheit festzustellen. Wie in den Kapiteln 2. 222 bis 2. 224 dargelegt wurde, kann die relative Amplitude der Zylinderwellen berechnet werden. Aus diesem Grunde sollen auch die vorliegenden Meßreihen derart ausgewertet werden, daß sich eine relative Amplitude, nachstehend "relative Störbreite" genannt, angeben läßt.

Gewisse Unzulänglichkeiten dieser Methode, die dann schwierig anwendbar ist, wenn nicht mehr periodische, sondern zufällig wiederkehrende, oft nicht eindeutig erkennbare Schwankungen auftreten, müssen in Kauf genommen werden.

4. 1 Die mittlere absolute Störbreite

Die mathematische Festlegung der Störbreite ergibt sich in folgender Weise.

In den aufgenommenen Diagrammen werden alle Punkte mit horizontaler Tangente aufgesucht. Es handelt sich einmal um die Maxima, ferner um die Minima und schließlich um die Wendepunkte mit horizontaler Tangente. Es wird nun nacheinander der senkrechte Höhenunterschied von Maximum zu Minimum, von Minimum zu Maximum, von Maximum zu Minimum und so weiter fort bestimmt. Bei einem Wendepunkt mit horizontaler Tangente ist der zugehörige Höhenunterschied gleich Null. Es soll nunmehr wie folgt definiert werden:

$$\text{Absolute Störbreite} = \frac{\text{Summe der Höhenunterschiede}}{\text{Anzahl der Höhenunterschiede}} = S$$

wobei alle Höhenunterschiede, die ungleich Null sind, positiv angesetzt werden sollen.

Es leuchtet unmittelbar ein, daß die absolute Störbreite bei einer hinreichend großen Anzahl von ausgemessenen Höhenunterschieden die durchschnittliche Breite des aufgenommenen Diagrammes angibt. Die so gewonnene Zahl reicht selbstverständlich nicht aus, um das Prüfgut hinsichtlich seiner Gleichförmigkeitseigenschaften vollständig zu erfassen, da hierzu die Aufnahme der Längenvariationskurve erforderlich sein würde.

Die absolute Störbreite gibt vielmehr vorzugsweise ein Maß für die kurzperiodischen Schwankungen, auf welche es bei den Untersuchungen des Verzugsvorganges ankommt. Sie ermöglicht dagegen keine Aussage über langperiodische Nummernschwankungen, welche nicht vom Verziehen herrühren, sondern durch die Eigenschaften des einlaufenden Materials bedingt sind.

4. 2 Reduzierung auf den Mittelwert

Die im Kapitel 3. 1 angegebene Formel zur Berechnung der mittleren Störbreite kann dann Verwendung finden, wenn die gleichfalls im vorstehenden Kapitel erwähnten langperiodischen Nummerschwankungen nicht vorhanden sind. Im anderen Falle bewirken diese Schwankungen, daß das aufgenommene Diagramm aus einer langwelligen Schwankung besteht, der die Zylinderwellen und sonstigen kurzperiodischen Störungen überlagert sind.

Eine anschauliche Darstellung dieser Erscheinung wird mit Abbildung 8 gegeben, wobei das obere Diagramm die Masseschwankung des einlaufenden Bandes, das untere diejenige des auslaufenden wiedergibt.

Um eine gute Vergleichsmöglichkeit zu haben, wurden beide Meßgeräte so eingestellt, daß die Mittelwerte des Bandquerschnittes jeweils etwa auf Diagrammitte zu liegen kamen. Wären zunächst in beiden Fällen als Ordinate die wirklichen Massen aufgetragen worden, so hätte sich gezeigt, daß beim auslaufenden Material infolge des k-fachen Verzuges die durchschnittliche Masse k-mal geringer wird. Ferner ist das verzogene Material bei einer k-fach größeren Geschwindigkeit als das einlaufende Material aufgenommen worden. Wäre in beiden Fällen als Abszisse die Länge des jeweiligen Materials gewählt worden, so müßten die Diagramme des unverzogenen Materials außerdem k-fach gestaucht werden. Um die tatsächlichen Verhältnisse zu vergleichen, sind somit die Diagramme des verzogenen Materials einerseits k-fach in ihrer Höhe zu verringern und andererseits auf das k-fache ihrer Länge zu dehnen, wodurch die Kurven eine weitgehend übereinstimmende Gestalt gewinnen würden. Infolgedessen wird die Ungleichmäßigkeit durch den Verzugsvorgang keinesfalls in einer derart erheblichen Weise vergrößert, wie es bei flüchtiger Betrachtung der aufgenommenen Diagramme in Abbildung 8 den Anschein haben könnte.

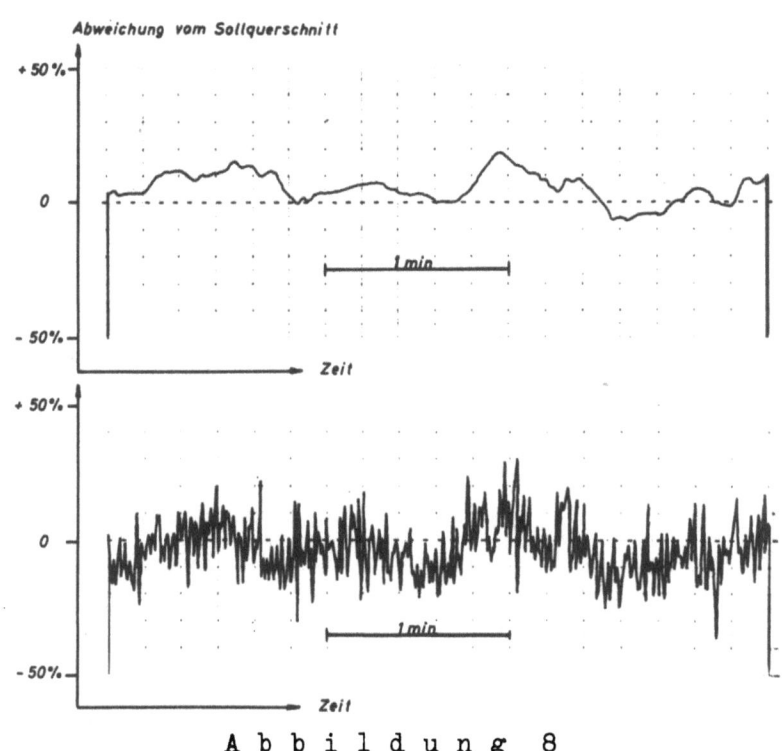

A b b i l d u n g 8
Diagramme vor und nach dem Verzug

Beim Vergleich beider Diagramme der Abbildung 8 erkennt man, daß die Massenschwankung des vorgelegten Bandes im ausgelieferten Band wiederkehrt, jedoch von der durch den Verzugsvorgang bedingten Ungleichmäßigkeit überlagert ist.

Der Vorzug des angewandten Meßverfahrens liegt gerade darin, daß es durch den Verzugsvorgang aufgezwungenen Schwankungen in einem derartig stark vergrößerten Maßstab zur Darstellung bringt.

Diese Überlagerung der beiden Schwankungen bringt jedoch den Nachteil mit sich, daß die überlagerte Störbreite dann mit ihrem absoluten Wert zu groß erscheint, wenn die langperiodische Grundschwankung einen großen Ordinatenwert hat, und umgekehrt ergibt sich eine Verkleinerung der Störbreite bei kleiner Grundordinate. An und für sich müßte deshalb, um zu einer relativen Störbreite zu gelangen, jeder Höhenunterschied durch den zugehörigen Mittelwert dividiert werden. Zur Verringerung des erforderlichen Arbeitsaufwandes wurde stattdessen das Mittel der absoluten Störbreite je 1 cm Diagrammlänge errechnet. Außerdem wurde durch subjektive Schätzung je 1 cm Diagrammlänge ein Mittelwert der Grundschwingung festgestellt und durch Division beider Werte die relative Störbreite, gemittelt über 1 cm Diagrammlänge, bestimmt.

Folgende Formel fand dabei Anwendung:

$$\text{Relatives Zentimetermittel} = \frac{S}{C + N} = y_{gem}$$

Entsprechend der Abbildung 9 bedeutet dabei N die Abweichung des Mittelwertes, welche die Diagrammkurve in dem gerade betrachteten cm-Stück von der Mittellinie des Diagrammpapiers besitzt. N ist bei zu hoch liegendem Mittelwert positiv anzusetzen und negativ, wenn der Mittelwert zu tief liegt.

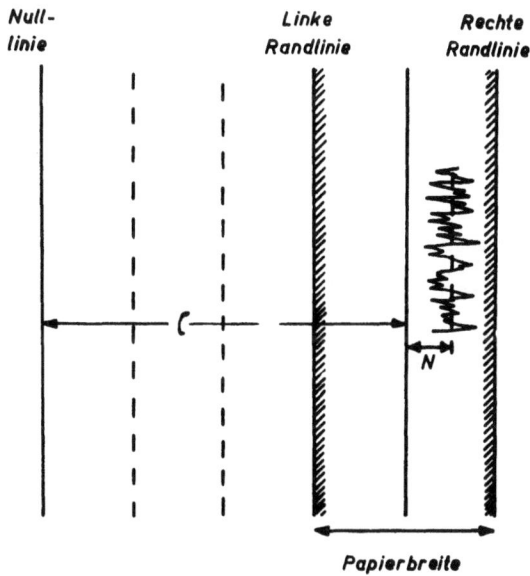

Abbildung 9

Berechnung des relativen Zentimetermittels der Störbreite

C bedeutet den Abstand der Mittellinie des Diagrammpapiers von der gegebenenfalls ausgewanderten Nullinie. Es ist anzusetzen:

$$
\begin{aligned}
&\text{Bei Meßbereich } 100 \ \% \quad C = 35 \text{ mm} \\
&\text{bei Meßbereich } 50 \ \% \quad C = 70 \text{ mm} \\
&\text{bei Meßbereich } 25 \ \% \quad C = 140 \text{ mm} \\
&\text{bei Meßbereich } 12{,}5 \ \% \quad C = 280 \text{ mm}
\end{aligned}
$$

Durch die angegebene zentimeterweise Bildung des relativen Mittelwertes wird selbstverständlich ein kleiner Fehler begangen, welcher jedoch bei den vorliegenden Kurven derartig geringfügig ist, daß er außer Betracht gelassen werden darf.

Um die erforderliche Division möglichst einfach zu gestalten, wurde nach der Formel

$$y_{gem} = \frac{1}{C} \cdot \left(S - \frac{N}{C+N} S\right) \cdot 100 \quad [\%]$$

gearbeitet, welche mit der vorher angegebenen Formel gleichwertig ist. Das zweite Glied in der Klammer stellt dabei die an S anzubringende Korrektur dar. Sie ist in allen Fällen so klein, daß für ihre Bestimmung die Genauigkeit des Rechenschiebers ausreicht.

Je Meßpunkt, also für jedes aufgenommene Diagramm, wurden fünf aneinander anschließende relative Zentimetermittel gebildet und hieraus dann das arithmetische Mittel errechnet. Dieser Wert gibt die durch Versuch bestimmte relative Störbreite für den betrachteten Meßpunkt an. Da bei den vorgenommenen Aufnahmen durchschnittlich 18 Höhenunterschiede in einer 1 cm langen Diagrammstrecke auftraten, liegt jedem dieser Endmittelwerte die Messung von 5 x 18 = 90 Höhendifferenzen zugrunde, so daß eine hinreichende Genauigkeit zu erwarten ist. Sofern die fünf relativen Zentimetermittel stärkere Abweichungen voneinander zeigen, wurden zur Sicherheit noch weitere 5 cm in der gleichen Weise ausgewertet und dann der Endmittelwert von allen 10 cm bestimmt. Diese Verbesserung erwies sich jedoch nur in einigen wenigen Fällen als erforderlich.

4.3 Berücksichtigung der Kondensatorlänge

Wie alle elektrischen Gleichmäßigkeitsprüfer für Textilien arbeitet auch der in Kapitel 2.12 beschriebene Textronograph mit Meßkondensatoren, welche so ausgebildet sind, daß zwischen zwei Polen, deren konstruktiver Aufbau unterschiedlich sein kann, ein elektrisches Feld derart entsteht, daß es einen schlitzförmigen Luftraum durchsetzt. Durch diesen Meßschlitz wird das zu prüfende Material geführt, wobei aus Erfordernissen der Meßempfindlichkeit Meßschlitze unterschiedlicher Breite für die verschiedenen zu untersuchenden Materialstärken vorhanden sind. Aus technischen Gründen ist es erforderlich, daß mit größer werdender Meßschlitzbreite sich die Schlitzlänge ebenfalls vergrößert. Für den Fall der vorliegenden Messungen wurden zwei verschiedene Kondensatoren mit Meßschlitzlängen von 30 mm und 10 mm eingesetzt. Es kam hierbei der größere Kondensator für die zugeführten Bänder, Nm 0,2 (5 ktex) und für die ablaufenden Bänder bei Verwendung kleiner Verzüge zur Anwendung. Der kleinere Kondensator wurde am ablaufenden Band bei großen Verzügen eingesetzt.

Die Meßlänge beider Kondensatoren ist keinesfalls als klein gegenüber der Länge der auftretenden Wellen, welche dem Zylinderumfang (69,1 mm) entspricht, anzusehen. Aus diesem Grunde wurden Überlegungen über eine geeignete Möglichkeit zur Kompensation der Kondensatorlänge angestellt.

Es sei vorausgesetzt, daß die Anzeige des Meßgerätes im linearen Zusammenhang mit der Menge des in den Kondensator eingebrachten Prüfgutes steht, wobei eine Summierung sämtlicher Materialelemente über die gesamte Kondensatorlänge erfolgt. Ein allerdings nicht realisierbarer Meßkondensator mit der Länge Null müßte dann nur noch die Querschnittsfläche des eingebrachten Prüfmaterials zur Anzeige bringen, d.h. ein solcher Kondensator wäre für die vorgesehenen Messungen ideal geeignet, wenn nicht die durch ihn hervorgerufene Anzeige ebenfalls den Wert Null hätte, weil die masselose Querschnittsfläche keine Veränderung eines elektrischen Feldes verursacht. Erst das Auftreten von Masse mit von Luft verschiedenen dielektrischen Eigenschaften kann eine Messung ermöglichen.

Ein Faserband mit rein sinusförmigen Ungleichmäßigkeiten (Zylinderwellen) müßte bei Kondensatorlänge Null die folgende Kurve ergeben:

$$h = H_m + p \cdot \sin\frac{x}{r} \quad [\text{cm}]$$

Hierin bedeutet:

h = registrierte Ordinate [cm]
H_m = mittlere Diagrammhöhe [cm]
p = Schwingungsamplitude [cm]
r = Zylinderradius [cm]
x = Bandlänge

Die Integration infolge der Kondensatorlänge bewirkt:

$$h_s = \int_{x-\frac{s}{2}}^{x+\frac{s}{2}} h \cdot dx = \int_{x-\frac{s}{2}}^{x+\frac{s}{2}} \left(H_m + p \cdot \sin\frac{x}{r}\right) \cdot dx \qquad [cm^2]$$

$$h_s = H_m \cdot s + 2r \cdot \sin\frac{s}{2r} \cdot p \cdot \sin\frac{x}{r} \qquad [cm^2]$$

h_s = bei endlicher Kondensatorlänge registrierte Ordinate [cm^2]
s = Kondensatorlänge [cm]

Es zeigt sich, daß durch die Berücksichtigung der endlichen Kondensatorlänge sowohl die mittlere Diagrammhöhe größer wird und zwar um den Faktor s, als auch die Amplitude wächst, und zwar um den Faktor

$$2r \cdot \sin\frac{s}{2r} \, .$$

Aus meßtechnischen Gründen wird bei Hochfrequenz-Gleichförmigkeitsprüfern die Mittellage des Diagramms stets auf Papiermitte eingeregelt. Für die vorliegende Rechnung bedeutet das, daß am Meßgerät eine Verstärkungsänderung durchgeführt werden muß, wobei sich die **registrierte** Ordinate um den Faktor F verändert.

Die mittlere Diagrammhöhe ist jetzt

$$H_m \cdot s \cdot F$$

und die Schwingungsamplitude

$$2r \cdot F \cdot \sin\frac{s}{2r} \cdot p \cdot \sin\frac{x}{r}$$

Aus der Forderung, daß die neue mittlere Diagrammhöhe gleich der ursprünglichen, bei Kondensatorlänge Null festgestellten, sein soll, resultiert

$$F = \frac{1}{s} \qquad [cm^{-1}]$$

Der Maßstabsfaktor F ist dimensionsbehaftet. Dadurch wird erreicht, daß die bei h_s störende Dimension cm^2, die durch Integration über eine Länge entstanden ist, bei der tatsächlich registrierten Kurve wieder auf den linearen Wert cm zurückgeführt wird.

Es folgt hieraus, daß die gemessene Amplitude als Ausgang für die Berechnung der wahren Größe der meßtechnisch nicht erfaßbaren wahren Schwankungsamplitude benutzt werden kann.

$$p_{gem} = p \cdot \frac{2r}{s} \cdot \sin\frac{s}{2r} = p \cdot K$$

Dabei ist

$$K = \frac{2r}{s} \cdot \sin\frac{s}{2r}$$

p_{gem} = Registrierte Amplitude
K = Korrekturfaktor

Die tatsächliche Amplitude errechnet sich jetzt aus:

$$p = \frac{p_{gem}}{K}$$

Die vorstehenden Formeln lassen sofort erkennen, daß die durch Benutzung von Kondensatoren endlicher Länge entstehenden Meßfehler beträchtliche Werte erreichen können. Es besteht durchaus die Möglichkeit, daß eine Störung gar nicht zur Anzeige kommt, nämlich dann, wenn

$$s = 2 \cdot \pi \cdot r \cdot n$$

das heißt, ein ganzzahliges Vielfaches des Zylinderumfanges beziehungsweise der Wellenlänge ist.

Die Größe des Korrekturfaktors K ist dem Diagramm der Abbildung 10 zu entnehmen.

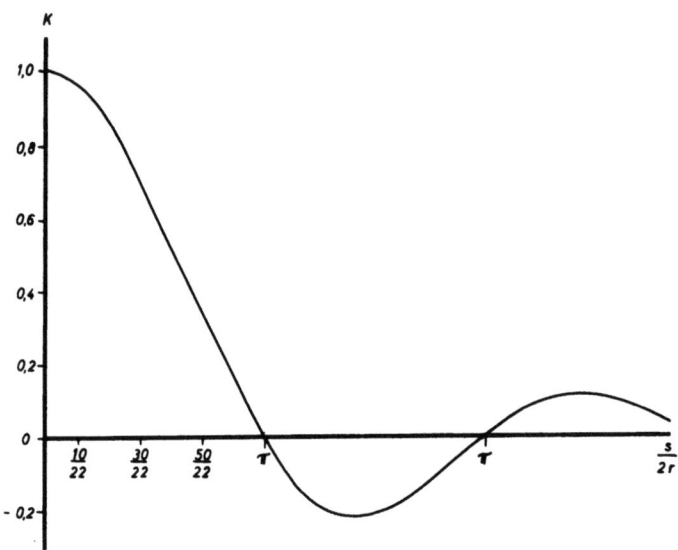

A b b i l d u n g 10
Korrekturfaktor K zur Eliminierung des
Einflusses der Kondensatorlänge

Im Falle der durchgeführten Untersuchungen betrug er

bei einer Kondensatorlänge von 10 mm K = 0,936
bei einer Kondensatorlänge von 30 mm K = 0,718.

Sämtliche aus den Meßreihen bestimmten relativen mittleren Störbreiten wurden nach der jeweils benutzten Kondensatorbreite korrigiert und tragen das Formelzeichen y_{korr}.

Es muß ausdrücklich darauf hingewiesen werden, daß die angegebene Korrekturmöglichkeit nur dann benutzt werden darf, wenn streng periodisch und sinusförmig verlaufende Schwankungen gemessen wurden. Weiterhin darf sie nicht angebracht werden, wenn die geometrische Kondensatorlänge kleiner als die fiktive elektrische Kondensatorlänge ist, die sich infolge der Anzeigedämpfung im elektrischen Geräteteil ergibt. Die erste Forderung kann im vorliegenden Falle als erfüllt gelten, soweit die Messungen an schlagenden Zylindern durchgeführt wurden, auch die Einschränkung bezüglich der elektrischen Länge braucht nicht gemacht zu werden.

4.4 Koordinierung und Glättung der Meßreihen

Es wurden insgesamt 21 Meßreihen für die Versuchsauswertung herangezogen. Diese Meßreihen bestehen aus insgesamt 199 Meßpunkten, welche aus 374 Einzeldiagrammen ermittelt worden waren. Jeder Diagrammauswertung liegen 90 Einzelmessungen zugrunde.

Es war nicht zu erwarten, daß sich sämtliche Meßpunkte einer Reihe fehlerfrei durch eine einfache Kurve verbinden lassen würden. Um die vorhandene Streuung im Sinne einer vereinfachten Darstellung der Zusammenhänge zu beseitigen, wurden sämtliche Meßreihen durch subjektiv bestimmte Kurven einfacher Art dargestellt. Hierbei wurde der Geraden der Vorzug gegeben. Falls die Annäherung durch eine Gerade nicht möglich war, wurden Kurven einseitiger, möglichst kleiner Krümmung, dann zweiseitig gekrümmte Kurven verwendet.

Mit Abbildung 11 wird die bei Bestimmung des Meßpunktes

$$L = 43 \text{ mm}$$
$$k = 14 \text{ mm}$$
$$a = 0,4 \text{ mm}$$
$$b = 0,0 \text{ mm}$$

festgestellte Kurve gezeigt.

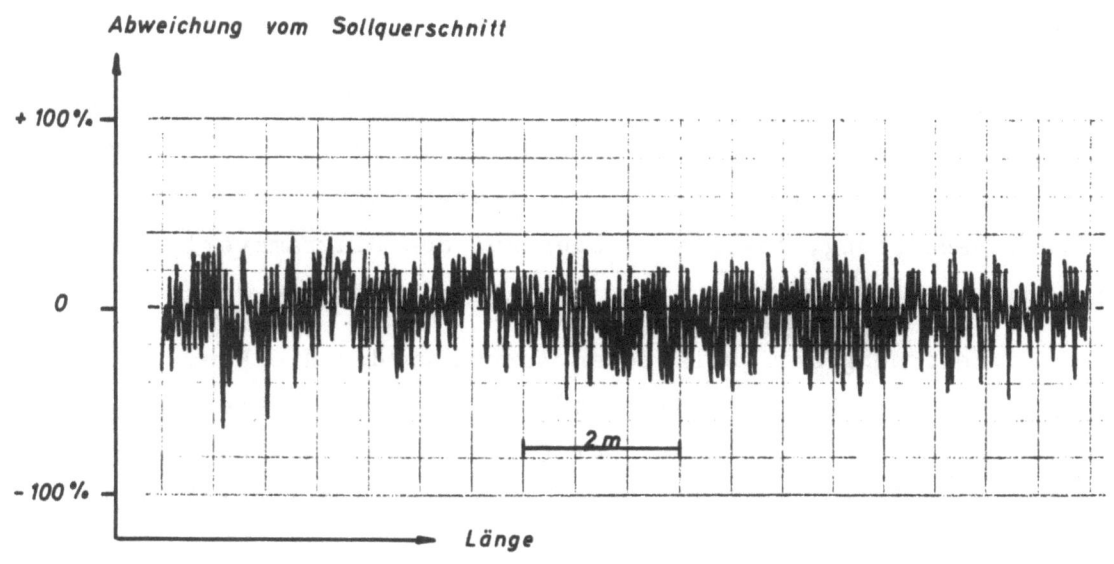

A b b i l d u n g 11
Diagramm des Meßpunktes L = 43 mm, k = 14 mm,
a = 0,4 mm, b = 0,0 mm, aus Meßreihe 1

Aus dieser Kurve wurde die mittlere relative Störbreite y_{gem} = 45,8 % ermittelt. Nach Eliminierung der endlichen Kondensatorbreite von 10 mm ergab sich der tatsächliche Wert der Störbreite mit y_{korr} = 49,0 %.

Dieser wurde gemeinsam mit den anderen Punkten der Meßreihe 1 zur Zeichnung einer ausgleichenden Kurve verwendet, welche mit Abbildung 12 gezeigt wird.

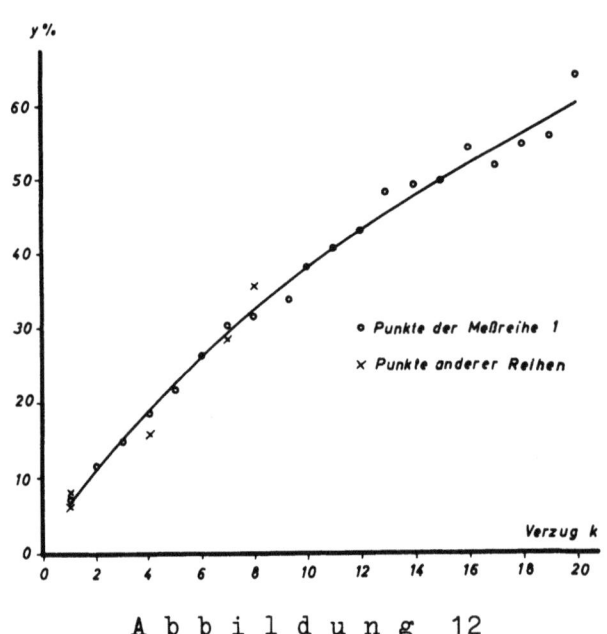

Abbildung 12
Meßpunkte der Meßreihe 1 mit ausgleichender Kurve

Der graphische Ausgleich der Meßreihen durch geschätzte Kurven bedingt eine geringfügige Verschiebung der meisten Meßwerte. Diese Verschiebung hatte im Durchschnitt den Wert von 0,4 % absoluter Größe, während die relative Verschiebung, jeweils bezogen auf den Diagrammwert, im Mittel 2 % betrug.

Bei der Einzeichnung der geglätteten Kurven wurden die Kreuzungspunkte der einzelnen Meßreihen besonders berücksichtigt. Als Kreuzungspunkte sollen Meßpunkte gelten, die bei der Durchführung verschiedener Meßreihen für die gleiche Konstellation aller vier Meßelemente bestimmt wurden.

Beispielsweise ist der Meßpunkt, welcher aus den Elementen:

    Streckfeldweite   L = 43 mm

    Verzug   k = 7-fach

    exzentrischer Abstand des Unterzylinders   a = 0,4 mm

    exzentrischer Abstand des Oberzylinders   b = 0,0 mm

bestimmt wurde, in den Meßreihen 1, 5 und 11 vertreten.

Da bei Festlegung der graphisch ausgeglichenen Kurven angenommen wurde, daß die Werte der Kreuzungspunkte für alle beteiligten Kurven identisch sein müssen, ist ein guter Anhaltspunkt zur Koordinierung aller Meßreihen gegeben. Die erforderlich gewesenen Meßpunktverschiebungen sind in den oben angegebenen Werten enthalten.

4.5 Vergleich der Meßreihen

Die theoretische Berechnung der Amplitude von Zylinderwellen, wie sie in den Kapiteln 2.22 bis 2.224 geschildert wurde, berücksichtigt die tatsächlichen Gegebenheiten eines Streckwerkes nur unvollkommen. Es wird beispielsweise ein vollkommen geregelter Verzug vorausgesetzt. Praktische Versuche, die immer nur bestenfalls auf Geräten, welche dem jeweiligen Stand der Technik entsprechen, durchgeführt werden können, ergeben andere Ergebnisse. Es wird beispielsweise niemals möglich sein, auch wenn ein ideal gleichmäßiges Band vorgelegt würde, nach dem Verziehen dieses Bandes in einem Streckwerk wieder ein vollkommen gleichmäßig geordnetes Produkt zu erhalten. Aus rein theoretischen Gründen ergibt sich eine Grenzungleichmäßigkeit, die sich tatsächlich jedoch auch niemals ganz erreichen läßt, sondern infolge von Streckwerksunvollkommenheiten oft nicht unbeträchtlich überschritten wird. Diese, durch den Vorgang selbst gegebenen Störungen der Gleichmäßigkeit werden auch dann entstehen, wenn Zylinderwellen nicht in Erscheinung treten. Störungen im Zylinderumlauf müssen sich also zu den Grundungleichmäßigkeiten hinzuaddieren. Um Vergleiche zwischen den theoretisch errechneten Schwankungsbreiten y_{ger} und den praktisch bestimmten möglich zu machen, muß demnach die Grundungleichmäßigkeit auch zu den theoretisch errechneten Schwankungsbreiten hinzuaddiert werden. Dann ergibt sich eine theoretische Schwankungsbreite y_{th}, die die Grundungleichmäßigkeit y_o mit umfaßt. Die erwähnte Addition erfolgt nach den Regeln der mathematischen Statistik vektoriell, d.h. das Quadrat der errechneten Schwankungsbreite wird zu dem Quadrat der Grundschwankungsbreite addiert. Es ergibt sich so das Quadrat der theoretischen Schwankungsbreite.

$$y_{th}^2 = y_{ger}^2 + y_o^2$$

Der Unterschied zwischen theoretischer Schwankungsbreite und tatsächlich gemessener kann in absoluter Größe angegeben werden. Besser jedoch ist die Bestimmung eines relativen Fehlers, der sich dadurch ergibt, daß die errechneten Unterschiedswerte auf die durch Messung tatsächlich bestimmten Schwankungsbreitenwerte bezogen werden.

4. 51 Die errechnete Schwankungsbreite

Die errechnete Schwankungsbreite bestimmt sich, wie bereits in den Kapiteln 2. 222 bis 2. 224 ausgeführt wurde, nach der Formel:

$$y_{ger} = \left[\frac{a}{2r}(k-2) + \frac{b}{2r}k\right] \cdot f \cdot f_1 \cdot 100 \; [\%]$$

Der die Stapelform berücksichtigende Faktor f_1 hat den Wert 1, da die versponnenen Zellwollfasern mit genügender Genauigkeit alle die gleiche Länge von 40 mm hatten. Aus dieser Stapellänge und dem Zylinder- bzw. dem Druckrollenradius von 11 mm berechnet sich der Faktor $f = 0{,}534$. Die errechnete Schwankungsbreite bestimmt sich also jetzt aus:

$$y_{ger} = 53{,}4 \left[\frac{a}{2r}(k-2) + \frac{b}{2r}k\right] \; [\%]$$

Für die einzelnen Meßreihen kann nunmehr auf Grund der Daten aus Tabelle 1 die jeweils gültige Form der obigen Gleichung angegeben werden. Tabelle 2 gibt eine entsprechende Zusammenstellung.

Tabelle 2

y_{ger} für die verschiedenen Meßreihen

Meßreihe Nr.	y_{ger}	Meßreihe Nr.	y_{ger}
1	0,97 (k-2)	11	12,13 . a
2	0,97 (k-2)	12	nicht errechenbar, da k 2,5
3	nicht errechenbar, da k 2,5	13	4,85 . a
4	1,94	14	12,13 . a
5	4,85	15	4,85 . a
6	nicht errechenbar, da a = b = 0	17	19,41 . a
7	nicht errechnebar, da a = b = 0	18	14,55 . a
8	nicht errechenbar, da a = b = 0	19	4,85 . a
9	nicht errechenbar, da a = b = 0	20	24,3 . b
		21	19,41 . b
10	nicht errechenbar, da k 2,5	22	9,70 . b

4.52 Die theoretische Schwankungsbreite

Wie bereits ausgeführt, ergibt sich die theoretische Schwankungsbreite aus der geometrischen Addition der errechneten Schwankungsbreite zur gemessenen Schwankungsbreite bei fehlendem Zylinder- und Druckrollenschlag. Die Meßreihen waren so angelegt, daß sich stets korrespondierende Werte finden ließen, die einmal mit schlagendem Zylinder und zum anderen bei rundlaufenden Walzen aufgenommen wurden. Die Tabelle 3 gibt an, welche Meßreihen jeweils kombiniert und welcher Einflußfaktor dabei untersucht wurde. Die Kombination zweier verschiedener Meßreihen war nur bei den Reihen 1 bis 9 erforderlich, da hier sowohl a als auch b konstant gehalten wurden. Die Meßreihen 11 bis 22 sind bei Variation von a bzw. b festgestellt worden. Jede enthält deshalb einen Meßpunkt, der für a = b = 0,0 mm gilt.

Die geometrische Addition der mittleren relativen Schwankungsbreite dieses Punktes zu den entsprechenden, errechneten Werten für schlagende Zylinder bzw. Druckrollen ergab die theoretische Schwankungsbreite.

Tabelle 3

Meßreihen Nr. + Nr.	variierte Einflußgröße	L [mm]	K	a [mm]	b [mm]
1 + 6	k	43	-	0,4	0,0
2 + 7	k	50	-	0,4	0,0
4 + 8	L	-	4	0,4	0,0
5 + 9	L	-	7	0,4	0,0
11 + 11	a	43	7	-	0,0
13 + 13	a	50	4	-	0,0
14 + 14	a	50	7	-	0,0
15 + 15	a	43	4	-	0,0
17 + 17	a	43	10	-	0,0
18 + 18	a	43	8	-	0,0
19 + 19	a	53	4	-	0,0
20 + 20	b	43	10	0,0	-
21 + 21	b	43	8	0,0	-
22 + 22	b	43	4	0,0	-

5. Meß- und Auswerteergebnisse

5.1 Einfluß von Verzug und Streckfeldweite

Wie nicht anders zu erwarten, ergab sich auch bei vollkommenem Rundlauf der Walzen eine Ungleichmäßigkeit im ausgelieferten Band. Diese wurde gemessen und in den beiden oberen Diagrammen der Abbildung 13 in Abhängigkeit von der Streckfeldweite bei zwei Verzügen sowie in Abhängigkeit vom Verzuge bei zwei Streckfeldweiten dargestellt (untere Diagramme).

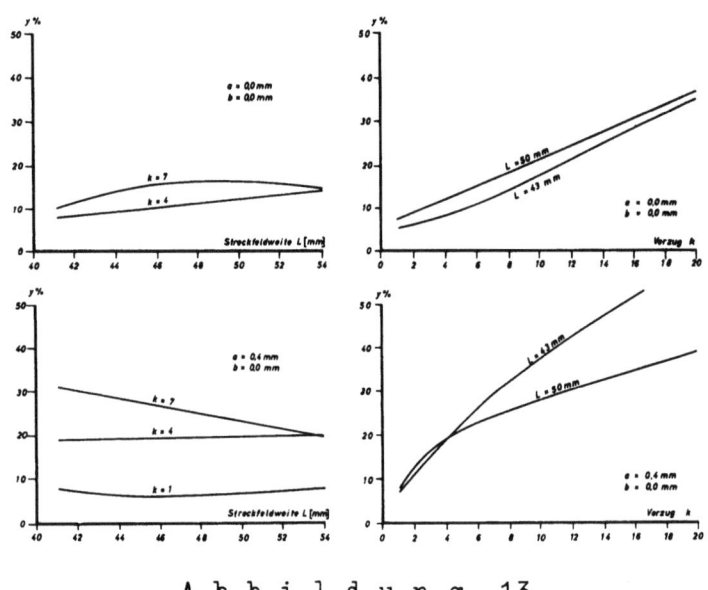

Abbildung 13
Korrigierte relative Schwankungsbreite bei
verschiedenen Verzügen und Streckfeldweiten
für rundlaufende und schlagende Zylinder

Es fällt hierbei auf, daß die Veränderung der Streckfeldweite im Bereich von 41 bis 54 mm bei den Verzügen 4fach und 7fach nur wenig Einfluß auf die relative Schwankungsbreite nimmt. Von größerem Einfluß dagegen ist, immer bei rundlaufenden Walzen, der Verzug. Hier steigt, mit steigendem Verzug, die gemessene Schwankungsbreite annährend linear an, ohne daß nennenswerte Unterschiede für die beiden Streckfeldweiten 43 mm und 50 mm festzustellen wären. Dieser Anstieg deckt sich mit der Forderung, daß bei Verminderung der Faserzahl im Querschnitt (was bei gleichem Vorlagematerial einem erhöhten Verzug entspricht) sich die Grenzungleichmäßigkeit erhöhen muß.

Die oben beschriebenen Tendenzen kehren bei einem Zylinderschlag von 0,4 mm in ähnlicher Weise wieder. Während hier die Streckfeldweite auf den Verlauf der Kurve für die relative Schwankungsbreite bei den Verzügen 1fach und 4fach kaum Einfluß nimmt, weicht der 7fache Verzug insofern etwas ab, als sich mit steigender Streckfeldweite eine Verminderung von y ergibt. Sicherlich darf man jedoch diese Ergebnisse soweit verallgemeinern, daß gesagt werden kann, sowohl bei rundlaufenden als auch bei schlagenden Zylindern ist die Streckfeldweite von unwesentlichem Einfluß auf die Größe der relativen Schwankungsbreite. Wie weit die **gegenläufige** Tendenz der Kurve für k = 7 tatsächlich reproduzierbar ist oder ob es sich um eine aus dem Auswertverfahren oder den Messungen herrührenden Täuschung handelt, ist noch ungewiss. Den Erfahrungen der Praxis widerspricht sie jedenfalls.

Die absolute Größe der Schwankungsbreite jedoch erhöht sich beim Auftreten eines Zylinderschlages von 0,4 mm merklich. Beispielsweise steigt sie bei 4fachem Verzug von etwa 10 % auf 20 % an, beim 7fachen Verzug von rund 15 % auf ca. 30 %.

Der Einfluß einer Verzugsvergrößerung bei konstanter Streckfeldweite wirkt sich im Falle eines schlagenden Zylinders ebenfalls in einem Ansteigen der relativen Schwankungsbreite aus. Dieses Ansteigen ist gegenüber dem rundlaufenden Zylinder bei einer Streckfeldweite von 43 mm deutlich steiler als im Falle des rundlaufenden Zylinders. Bei der Streckfeldweite von 50 mm ist dieser Unterschied nicht klar erkennbar, jedoch zeigt sich auch hier, was ebenfalls für die Streckfeldweite von 43 mm gilt, ein erheblicher Unterschied in den Absolutwerten.

5.2 Einfluß der Exzentrizität

Nachdem im vorhergehenden Kapitel aufgezeigt wurde, daß die Streckfeldweite und insbesondere ihre Veränderung nur von geringem Einfluß auf die relative Schwankungsbreite ist, soll jetzt betrachtet werden, in welcher Weise sich eine Veränderung der Exzentrizität äußert, wenn gleichzeitig der Verzug in Stufen ansteigt.

Im oberen Teil der Abbildung 14 zeigen 2 Diagramme für die Streckfeldweiten 50 mm und 43 mm bei rundlaufender Druckrolle den Einfluß einer Veränderung der Zylinder-Exzentrizität von 0 mm bis 0,4 mm für verschiedene Verzüge auf. Diesen Diagrammen ist sofort zu entnehmen, daß mit steigender Exzentrzität der relative Schwankungsbereich größer wird, wobei, ganz allgemein gesprochen, der Anstieg für größere Verzüge stärker ist als bei kleinen Verzügen. Beim Fortfall eines Verzuges d.h. k = 1 äußert sich ein Anstieg der Zylinder-Exzentrizität nicht mehr. Unterschiede, die auf den Einfluß der Streckfeldweite zurückzuführen wären, sind auch hier kaum oder nur ganz unklar zu erkennen. Es ergibt sich andeutungsweise eine Erhöhung der gemessenen Werte bei größerer Streckfeldweite.

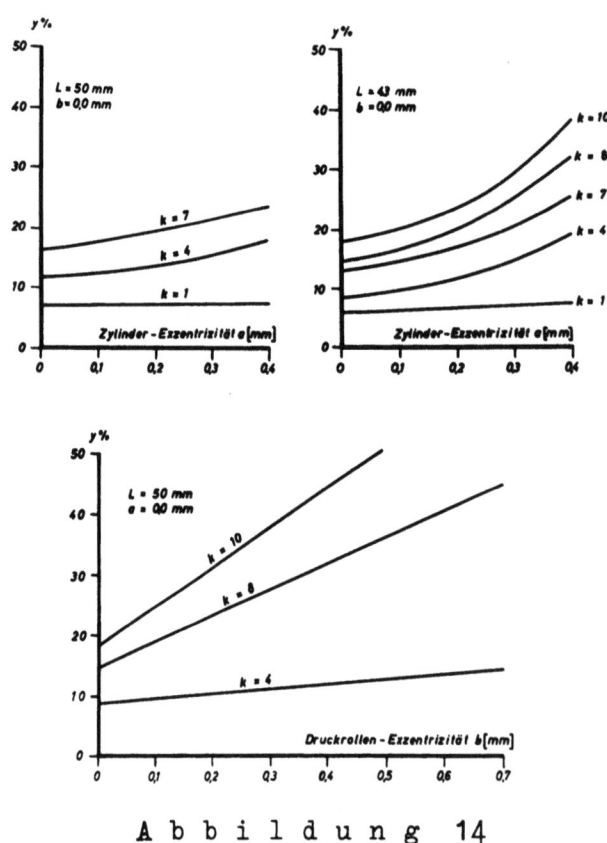

A b b i l d u n g 14

Korrigierte relative Schwankungsbreite bei verschiedenen
Exzentrizitäten von Zylinder und Druckrolle für einige Verzüge

Das untere Diagramm der gleichen Abbildung zeigt, wie sich die Exzentrizität der Druckrolle auswirkt. Mit steigender Exzentrizität steigt die relative Schwankungsbreite ebenfalls, und zwar um so stärker, je größer der Verzug ist.

Generell kann gesagt werden, daß sowohl bei rundlaufenden Zylindern als auch bei schlagenden Zylindern und schlagenden Druckrollen die Streckfeldweite einen nur geringen Einfluß auf die festgestellte relative Schwankungsbreite hat. Von durchaus feststellbarer Auswirkung sind jedoch Veränderungen, die am Verzuge sowie an den Exzentrizitäten vor-

genommen werden. Hier ergeben sich bald Störungen, die im praktischen
Betrieb nicht mehr tragbar sind. Da es aus verschiedenen Gründen nicht
möglich ist, die Größe der zur Anwendung gelangenden Verzügen zu beschränken, sondern ganz im Gegenteil die Tendenz nach einer dauernden
Erhöhung dieser Werte hinläuft, ist zu folgern, daß die Größe der zulässigen Exzentrizitäten an Druckrollen und Zylindern um so mehr eingeschränkt werden muß, je höher die verwendeten Verzüge werden.

5. 3 Abweichungen von der Theorie

Ein Vergleich der in Tabelle 3 angegebenen theoretischen Schwankungsbreiten mit den tatsächlich gemessenen Werten, entsprechend der Beschreibung in Kapitel 4. 5 durchgeführt, führte zu einer graphischen
Darstellung der Abweichungen zwischen Theorie und Praxis. Diese Darstellung ist in Form von vier Diagrammen in Abbildung 15 wiedergegeben.

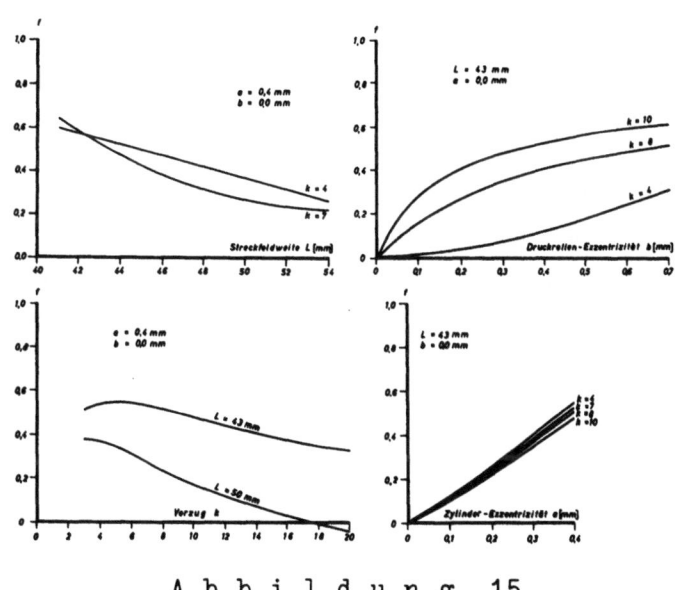

Abbildung 15

Abweichungen der theoretisch bestimmten relativen
Schwankungsbreite von der durch Messung ermittelten

Die Ordinaten dieser Diagramme zeigen im gleichen Maßstab den relativen
Fehler f, der errechnet wurde, indem die Differenz zwischen gemessener
und theoretischer Schwankungsbreite auf die gemessene bezogen wird. Über
den Abszissen der vier Diagramme sind die Einflüsse von Streckfeldweite
L, Verzug k, Druckrollen-Exzentrizität b und Zylinder-Exzentrizität a
dargestellt.

Eigenartigerweise zeigt sich, daß mit größer werdender Streckfeldweite und größer werdendem Verzug der Fehler eine fallende Tendenz ausweist. Hieraus zu folgern, daß der Formel für die theoretische Rechnung der relativen Schwankungsbreite ein Glied zugefügt werden müßte, welches den Einfluß der Streckfeldweite berücksichtigt, scheint nicht angebracht. Hiergegen sprechen auch die Diagramme der Abbildung 13, welche den Einfluß der Streckfeldweite auf die tatsächlich gemessenen Werte relativ unbedeutend darstellen. Ob es andere Gründe gibt, die das festgestellte Verhalten erklären können, ist zunächst ungewiß. Es wäre denkbar, daß beispielsweise das angewendete Auswertverfahren für diese Erscheinungen verantwortlich zu machen ist. Es scheint so zu sein, als ob dieses Verfahren, welches auf der Messung einzelner Höhendifferenzen beruht, dann besonders große Werte ergibt, wenn die Abstände der einzelnen Höhenunterschiede einander gleich sind, wenn sich also periodische Erscheinungsbilder zeigen. Bei der Durchführung der Untersuchungen zeigte sich nämlich, daß der periodische Charakter der zylinderischen Störung mit steigendem Verzug deutlicher wurde.

Die Exzentrizität der Druckrollen beeinflußt den Fehler der Theorie in den interessanten Bereichen, d.h. bei Verzügen größer als 8fach und Exzentrizitäten größer als 0,2 mm nur unwesentlich, allerdings sind die Fehler mit 40 bis 60 % recht groß.

Die Zylinder-Exzentrizität ergibt für größere Verzüge kleinere Werte als für die kleinen. Es ist hierbei jedoch fraglich, ob diese Tendenz, die zwar deutlich sichtlich ist, besonders erwähnt werden sollte, oder ob nicht vielmehr der Verzug als unerheblich für die Größe des Fehlers anzusprechen ist. Interessant ist, daß der Fehler sich mit steigender Exzentrizität stark vergrößert.

6. Zusammenfassung

Periodische Dickeschwankungen im Garn können häufig von Störungen im Rundlauf der Streckwerkwalzen herrühren (Zylinderwellen).

Auf Grund theoretischer Überlegungen wurden verschiedentlich Formeln zur Berechnung der Dickeschwankungen aus einer Zylinderexzentrizität angegeben.

Anhand einer großen Anzahl von Versuchen wurde, bei bekanntem Walzenschlag, die relative Störbreite als Maß für die Größe der entstandenen Zylinderwelle berechnet. Aus der ebenfalls gemessenen Störbreite bei rundlaufenden Zylindern und Druckrollen und dem aus Formeln errechneten Sollwert ließ sich eine theoretische Störbreite bestimmen. Es war Zweck der vorliegenden Arbeit, den Unterschied zwischen theoretischer und gemessener Störbreite zu bestimmen.

Es zeigte sich, daß in den Bereichen größerer Verzüge (etwa 20fach) und größerer Streckfeldweiten (etwa das 1,3fache der Faserlänge) die Theorie gute Resultate ergibt, die jedoch mit steigenden Druckrollen- und Zylinderexzentrizitäten an Genauigkeit verlieren. Im allgemeinen kann gesagt werden, daß die praktisch gemessenen Werte die theoretisch bestimmten übersteigen.

Institut für textile Meßtechnik
Mönchengladbach e.V.

7. Verwendete Formelzeichen

A	=	realtive Amplitude der Faserendendichteschwankung
C	=	Abstand von Papiermitte zur Nullinie
F	=	Maßstabsfaktor
K	=	Korrekturfaktor für Kondensatorlänge
L	=	Streckfeldweite
M	=	Faserlänge
N	=	Abstand von Diagrammitte zur Papiermitte
S	=	absolute Störbreite
a	=	Exzentrischer Abstand beim Zylinder
b	=	Exzentrischer Abstand bei der Druckrolle
c	=	$\frac{a+b}{2}$ = mittlerer exzentrischer Abstand
f	=	Umrechnungsfaktor
f_1	=	Faktor zur Berücksichtigung der Stapelform
h	=	Ordinate einer Schwingung
h_m	=	mittlere Ordinate einer Schwingung
h_s	=	bei endlicher Kondensatorlänge registrierte Ordinate
k	=	Verzug
n	=	beliebige ganze Zahl
p	=	Schwingungsamplitude
p_{gem}	=	gemessene Schwingungsamplitude
r	=	Radius von Zylinder und Druckrolle
s	=	Kondensatorlänge
x	=	Laufende Koordinate für eine Bandlänge
y	=	relative Schwankungsamplitude relative Störbreite
y_{gem}	=	relatives Zentimetermittel der Störbreite, gemessener Wert
y_{ger}	=	errechnete Störbreite
y_{korr}	=	korrigierte relative Störbreite
y_{th}	=	theoretische Störbreite
y_0	=	Störbreite bei rundlaufenden Walzen

8. Literaturverzeichnis

[1] LÜNENSCHLOSS, J. Erkenntnisse der Gleichmäßigkeitsprüfung III
Textil-Praxis 14 (1959) S. 351-359

[2] Handbuch für den Spektrograph Uster III. Teil (Spinning Defect Lexicon)

[3] STEIN, H. Untersuchungen der Verzugsvorgänge an den Streckwerken verschiedener Spinnereimaschinen
3. Bericht: Theoretische Betrachtungen über den Einfluß schlagender Zylinder und Druckrollen
Forschungsbericht des Landes Nordrhein-Westfalen Nr. 238 Köln und Opladen 1956

[4] FOSTER, G.A.R. und A. TYSON Die Amplituden der periodischen Schwankungen, verursacht durch die Exzentrizität des Verzugszylinders, und ihr Einfluß auf die Garnfestigkeit
I. Text. Inst. (1956) S. T 385-393

[5] KÖNIG, O. Theoretische und experimentelle Untersuchungen über die Ursache periodischer Verzugsfehler der Walzenstrecken und ihre Auswirkung auf die dem Verzug unterworfenen Faserbänder
Diss. Stuttgart

FORSCHUNGSBERICHTE DES LANDES NORDRHEIN-WESTFALEN

Herausgegeben durch das Kultusministerium

TEXTILFASERFORSCHUNG · TEXTILCHEMIE · TEXTILPHYSIK
TEXTILTECHNIK · WÄSCHEREIFORSCHUNG

HEFT 3
Techn.-Wissenschaftl. Büro für die Bastfaserindustrie, Bielefeld
Untersuchungsarbeiten zur Verbesserung des Leinenwebstuhls
1952, 44 Seiten, 7 Abb., 3 Tabellen, DM 12,50

HEFT 9
Techn.-Wissenschaftl. Büro für die Bastfaserindustrie, Bielefeld
Untersuchungen über die zweckmäßige Wicklungsart von Leinengarnkreuzspulen unter Berücksichtigung der Anwendung hoher Geschwindigkeiten des Garnes
Vorversuche für Zetteln und Schären von Leinengarnen auf Hochleistungsmaschinen
1952, 48 Seiten, 7 Abb., 7 Tabellen, DM 9,25

HEFT 13
Techn.-Wissenschaftl. Büro für die Bastfaserindustrie, Bielefeld
Das Naßspinnen von Bastfasergarnen mit chemischen Zusätzen zum Spinnbad
1953, 52 Seiten, 4 Abb., 19 Tabellen, DM 10,—

HEFT 15
Wäschereiforschung Krefeld
Trocknen von Wäschestoffen. I. Lufttrocknung: Untersuchungen an Tumblern
1953, 40 Seiten, 14 Abb., 2 Tabellen, DM 9,—

HEFT 17
Ingenieurbüro Herbert Stein, M.-Gladbach
Untersuchung der Verzugsvorgänge in den Streckwerken verschiedener Spinnereimaschinen. 1. Bericht: Vergleichende Prüfung mit verschiedenen Dickenmeßgeräten
1952, 36 Seiten, 15 Abb., DM 8,—

HEFT 18
Wäschereiforschung Krefeld
Grundlagen zur Erfassung der chemischen Schädigung beim Waschen
1953, 68 Seiten, 15 Abb., 15 Tabellen, DM 12,75

HEFT 19
Techn.-Wissenschaftl. Büro für die Bastfaserindustrie, Bielefeld
Die Auswirkung des Schlichtens von Leinengarnketten auf den Verarbeitungswirkungsgrad sowie die Festigkeit und Dehnungsverhältnisse der Garne und Gewebe
1953, 48 Seiten, 1 Abb., 9 Tabellen, DM 9,—

HEFT 20
Techn.-Wissenschaftl. Büro für die Bastfaserindustrie, Bielefeld
Trocknung von Leinengarnen I
Vorgang und Einwirkung auf die Garnqualität
1953, 62 Seiten, 18 Abb., 5 Tabellen, DM 12,—

HEFT 21
Techn.-Wissenschaftl. Büro für die Bastfaserindustrie, Bielefeld
Trocknung von Leinengarnen II
Spulenanordnung und Luftführung beim Trocknen von Kreuzspulen
1953, 66 Seiten, 22 Abb., 9 Tabellen, DM 13,—

HEFT 22
Techn.-Wissenschaftl. Büro für die Bastfaserindustrie, Bielefeld
Die Reparaturanfälligkeit von Webstühlen
1953, 28 Seiten, 7 Abb., 5 Tabellen, DM 5,80

HEFT 26
Techn.-Wissenschaftl. Büro für die Bastfaserindustrie, Bielefeld
Vergleichende Untersuchungen zweier neuzeitlicher Ungleichmäßigkeitsprüfer für Bänder und Garne hinsichtlich ihrer Eignung für die Bastfaserspinnerei
1953, 64 Seiten, 30 Abb., 12 Tabellen, DM 12,50

HEFT 29
Techn.-Wissenschaftl. Büro für die Bastfaserindustrie, Bielefeld
Die Ausnützung der Leinengarne in Geweben
1953, 100 Seiten, 14 Abb., 10 Tabellen, DM 17,80

HEFT 32
Techn.-Wissenschaftliches Büro für die Bastfaserindustrie, Bielefeld
Der Einfluß der Natriumchloritbleiche auf Qualität und Verwebbarkeit von Leinengarnen und die Eigenschaften der Leinengewebe unter besonderer Berücksichtigung des Einsatzes von Schützen- und Spulenwechselautomaten in der Leinenweberei
1953, 64 Seiten, 2 Abb., 12 Tabellen, DM 11,50

HEFT 34
Textilforschungsanstalt Krefeld
Quellungs- und Entquellungsvorgänge bei Faserstoffen
1953, 52 Seiten, 13 Abb., 13 Tabellen, DM 9,80

HEFT 35
Prof. Dr. W. Kast, Krefeld
Feinstrukturuntersuchungen an künstlichen Zellulosefasern verschiedener Herstellungsverfahren. Teil I: Der Orientierungszustand
1953, 74 Seiten, 30 Abb., 7 Tabellen, DM 13,80

HEFT 41
Techn.-Wissenschaftl. Büro für die Bastfaserindustrie, Bielefeld
Untersuchungsarbeiten zur Verbesserung des Leinenwebstuhles II
1953, 40 Seiten, 4 Abb., 5 Tabellen, DM 7,80

HEFT 63
Textilforschungsanstalt Krefeld
Neue Methoden zur Untersuchung der Wirkungsweise von Textilhilfsmitteln
Untersuchungen über Schlichtungs- und Entschlichtungsvorgänge
1954, 34 Seiten, 1 Abb., 5 Tabellen, DM 6,80

HEFT 64
Textilforschungsanstalt Krefeld
Die Kettenlängenverteilung von hochpolymeren Faserstoffen
Über die fraktionierte Fällung von Polyamiden
1954, 44 Seiten, 13 Abb., DM 8,60

HEFT 69
Wäschereiforschung Krefeld
Bestimmung des Faserabbaues bei Leinen unter besonderer Berücksichtigung der Leinengarnbleiche
1954, 48 Seiten, 15 Abb., 3 Tabellen, DM 9,60

HEFT 70
Wäschereiforschung Krefeld
Trocknen von Wäschestoffen. II. Kontakttrocknung: Untersuchungen über den Trockenvorgang und die Wäschebeanspruchung bei der Kontakttrocknung
1954, 42 Seiten, 18 Abb., 3 Tabellen, DM 10,—

HEFT 79
Techn.-Wissenschaftl. Büro für die Bastfaserindustrie, Bielefeld
Trocknung von Leinengarnen III
Spinnspulen- und Spinnkopstrocknung
Vorgang und Einwirkung auf die Garnqualität
1954, 74 Seiten, 18 Abb., 10 Tabellen, DM 14,—

HEFT 80
Techn.-Wissenschaftl. Büro für die Bastfaserindustrie, Bielefeld
Die Verarbeitung von Leinengarn auf Webstühlen mit und ohne Oberbau
1954, 30 Seiten, 2 Abb., 2 Tabellen, DM 6,—

HEFT 84
Dr. H. Baron, Düsseldorf
Über Standardisierung von Wundtextilien
1954, 32 Seiten, DM 6,40

HEFT 85
Textilforschungsanstalt Krefeld
Physikalische Untersuchungen an Fasern, Fäden, Garnen und Geweben:
Untersuchungen am Knickscheuergerät nach Weltzien
1954, 40 Seiten, 11 Abb., 8 Tabellen, DM 10,—

HEFT 92
Techn.-Wissenschaftl. Büro für die Bastfaserindustrie, Bielefeld und Institut für textile Meßtechnik, M.-Gladbach
Messungen von Vorgängen am Webstuhl
1954, 76 Seiten, 45 Abb., DM 15,50

HEFT 93
Prof. Dr. W. Kast, Krefeld
Spinnversuche zur Strukturerfassung künstlicher Zellulosefasern
1954, 82 Seiten, 39 Abb., 6 Tabellen, DM 16,—

HEFT 97
Ing. H. Stein, M.-Gladbach
Untersuchung der Verzugsvorgänge an den Streckwerken verschiedener Spinnereimaschinen
2. Bericht: Ermittlung der Haft-Gleiteigenschaften von Faserbändern und Vorgarnen
1955, 98 Seiten, 54 Abb., DM 21,—

HEFT 119
Dr.-Ing. O. Viertel, Krefeld
Wäscherei- und energietechnische Untersuchung einer Gemeinschafts-Waschanlage
1955, 50 Seiten, 18 Abb., DM 10,20

HEFT 159
Dr.-Ing. O. Viertel und O. Oldenroth, Krefeld
Das Bleichen von Weißwäsche mit Wasserstoffsuperoxyd bzw. Natriumhypochlorit beim maschinellen Waschen
1955, 54 Seiten, 23 Abb., 2 Tabellen, DM 11,45

HEFT 161
Prof. Dr. W. Weltzien und Dr. G. Hauschild, Krefeld
Über Silikone und ihre Anwendung in der Textilveredlung
1955, 162 Seiten, 22 Abb., 10 Tabellen, DM 27,—

HEFT 163
Dipl.-Ing. W. Rohs und Text.-Ing. H. Griese, Bielefeld
Untersuchungsarbeiten zur Verbesserung des Leinenwebstuhls III
1955, 80 Seiten, 15 Abb., 18 Tabellen, DM 15,80

HEFT 171
Wäschereiforschung Krefeld
Untersuchung der Wäscheentwässerung mit Hilfe von Zentrifugen und Pressen
1955, 42 Seiten, 16 Abb., 4 Tabellen, DM 9,70

HEFT 172
Dipl.-Ing. W. Rohs, Dr.-Ing. G. Satlow und Text.-Ing. G. Heller, Bielefeld
Trocknung von Hanfgarnen. Kreuzspultrocknung
1955, 60 Seiten, 7 Abb., 4 Tabellen, DM 10,30

HEFT 173
Prof. Dr. R. Hosemann und Dipl.-Phys. G. Schoknecht, Berlin, vorgelegt von Prof. Dr. W. Kast, Krefeld
Lichtoptische Herstellung und Diskussion der Faltungsquadrate parakristalliner Gitter
1956, 108 Seiten, 63 Abb., 6 Tabellen, DM 24,70

HEFT 185
Dipl.-Ing. W. Rohs und Text.-Ing. G. Heller, Bielefeld
Studien an einem neuzeitlichen Kreuzspultrockner für Bastfasergarne mit Wiederbefeuchtungszone
1955, 52 Seiten, 9 Abb., 3 Tabellen, DM 10,70

HEFT 196
Dipl.-Ing. W. Rohs und Text.-Ing. H. Griese, Bielefeld
Auswirkungen von Garnfehlern bei der Verarbeitung von Leinengarnen
1955, 24 Seiten, 3 Abb., 6 Tabellen, DM 7,80

HEFT 199
Textilforschungsanstalt Krefeld
Die Messung von Gewebetemperaturen mittels Temperaturstrahlung
1955, 50 Seiten, 12 Abb., DM 10,90

HEFT 226
Technisch-wissenschaftliches Büro für die Bastfaserindustrie, Bielefeld
Untersuchungen zur Verbesserung des Leinenwebstuhles IV
Die Wirkung verschiedener Kettbaumbremsen auf die Verwebung von Leinengarnen
1956, 64 Seiten, 9 Abb., 4 Tabellen, DM 13,50

HEFT 236
Dr.-Ing. O. Viertel und S. Lucas, Krefeld
Ergebnisse einer Hausfrauenbefragung über Wascheinrichtungen und Waschmethoden in städtischen Haushaltungen
1956, 34 Seiten, 4 Abb., DM 7,60

HEFT 238
Institut für textile Meßtechnik e. V., M.-Gladbach
Untersuchungen der Verzugsvorgänge an den Streckwerken verschiedener Spinnereimaschinen. 3. Bericht: Theoretische Betrachtungen über den Einfluß schlagender Zylinder und Druckrollen
1956, 66 Seiten, 21 Abb., DM 14,10

HEFT 260
Prof. Dr. A. H. Stuart und Dipl.-Phys. H. G. Fendler, Hannover
Lichtzerstreuungsmessungen an Lösungen hochpolymerer Stoffe
1956, 70 Seiten, 20 Abb., 5 Tabellen, DM 15,60

HEFT 261
Prof. Dr. W. Kast, Freiburg (Br.)
Feinstruktur-Untersuchungen an künstlichen Zellulosefasern verschiedener Herstellungsverfahren.
Teil II: Der Kristallisationszustand
1956, 80 Seiten, 27 Abb., 11 Tabellen, DM 17,20

HEFT 273
Fa. K. H. W. Tacke G.m.b.H., Wuppertal-Barmen
Erfahrungen beim Verspinnen von Perlonfasern und bei der Herstellung von Trikotagen aus gesponnenem Perlon
1956, 36 Seiten, DM 7,90

HEFT 292
Dipl.-Ing. W. Rohs und Text.-Ing. H. Griese, Bielefeld
Webversuche an Leinenwebstühlen mit verbesserter Schaftbewegung
1956, 34 Seiten, 3 Abb., 2 Tabellen, DM 7,60

HEFT 301
Prof. Dr. W. Weltzien, Dr. G. Cossmann und P. Diehl, Krefeld
Über die fraktionierte Fällung von Polyamiden (II)
1956, 54 Seiten, 1 Abb., 16 Tabellen, DM 11,30

HEFT 302
Prof. Dr.-Ing. W. Wegener und Dipl.-Ing. W. Zahn, Aachen
Untersuchungen von gesponnenen Garnen auf ihre Gleichmäßigkeit nach verschiedenen Meßmethoden
1957, 58 Seiten, 34 Abb., DM 15,20

HEFT 307
Privat-Doz. Dr. J. Juilfs, Krefeld
Vergleichende Untersuchungen zur elastischen und bleibenden Dehnung von Fasern
1956, 36 Seiten, 11 Abb., DM 8,30

HEFT 308
Privat.-Doz. Dr. J. Juilfs, Krefeld
Zur Messung der Fadenglätte
1956, 22 Seiten, 10 Abb., 2 Tabellen, DM 8,—

HEFT 338
Prof. Dr.-Ing. W. Wegener Aachen, und Dipl.-Ing. J. Schneider, M.-Gladbach
Die Bedeutung der Knotenart für die Herabminderung der Fadenbrüche
1957, 40 Seiten, 6 Abb., 17 Tabellen, DM 9,80

HEFT 339
Prof. Dr.-Ing. W. Wegener und Dipl.-Ing. W. Zahn, Aachen
Vergleich des normalen mit verschiedenen abgekürzten Prüfverfahren in bezug auf Gleichmäßigkeit und Sortierungsstreuung der Garne
1956, 56 Seiten, 17 Abb., 17 Tabellen, DM 12,70

HEFT 340
Dipl.-Ing. W. Rohs und Dipl.-Ing. R. Otto, Bielefeld
Das Naßspinnen von Bastfasergarnen mit Spinnbadzusätzen unter Ausnutzung einer zentralen Spinnwasserversorgungsanlage
1956, 56 Seiten, 2 Abb., 6 Tabellen, DM 11,60

HEFT 358
Prof. Dr. rer. nat. W. Weltzien, Dipl.-Chem. P. Ringel und Text.-Ing. H. Kirchhoff, Krefeld
Die Waschechtheit von Färbungen. Vergleichende Untersuchungen auf dem Gebiete der Echtheitsprüfung
1958, 26 Seiten, 12 Farbtafeln, DM 58,—

HEFT 378
Oberingenieur H. Stein, M.-Gladbach
Beobachtung und maßtechnische Erfassung der Vorgänge im Spinn- und Aufwindefeld von Ringspinn- und Ringzwirnmaschinen
1957, 104 Seiten, 88 Abb., 3 Tabellen, DM 26,90

HEFT 379
Institut für textile Meßtechnik, M.-Gladbach
Schußfadenspannung beim Weben
1957, 76 Seiten, 17 Abb., 47 Diagramme, 3 Tabellen, DM 18,60

HEFT 381
Priv.-Doz. Dr. habil. J. Juilfs, Krefeld
Zur Dichtebestimmung von Fasern. Methoden und Beispiele der praktischen Anwendung
1957, 76 Seiten, 34 Abb., 18 Tabellen, DM 17,—

HEFT 393
Dr.-Ing. O. Viertel und S. Brückner-Lucas, Krefeld
Arbeitszeitstudien an Haushaltwaschmaschinen
1957, 74 Seiten, 8 Abb., 13 Tabellen, DM 17,30

HEFT 397
Dipl.-Ing. W. Rohs und Dipl.-Ing. R. Otto, Bielefeld
Ungleichmäßigkeiten in Bändern von Bastfaserkarden, ihre Ursachen und Auswirkungen
1957, 60 Seiten, 18 Abb., 42 Diagramme, DM 14,80

HEFT 433
Dr.-Ing. G. Satlow, Aachen
Über einige physikalische und chemische Eigenschaften der Wolle von der gewaschenen Wolle bis zum Kammzug
1957, 72 Seiten, 15 Abb., 19 Tabellen, DM 15,25

HEFT 434
Dipl.-Ing. W. Rohs und Dr. I. Geurten, Bielefeld
Schlichten für Baumwollgarne
1957, 96 Seiten, 3 Abb., zahlreiche Tabellen, DM 23,70

HEFT 435
Dipl.-Ing. W. Rohs und Dipl.-Ing. L. Steinmetz, Bielefeld
Die Masseungleichmäßigkeit von Flachstreckenbändern in Abhängigkeit von Verzug und Dopplung
1957, 42 Seiten, 4 Abb., 2 Tabellen, DM 9,90

HEFT 436
Priv.-Doz. Dr. habil. J. Juilfs, Krefeld
Zur Bestimmung der Reißlast (Zugfestigkeit) von Fasern, Fäden und Garnen
1959, 26 Seiten, 7 Abb., 5 Tabellen, DM 8,60

HEFT 442
Dipl.-Ing. W. Rohs, Text.-Ing. H. Griese und Text.-Ing. W. Lauer, Bielefeld
Die Auswirkungen der Trocknungsart naßgesponnener Leinengarne auf deren Verarbeitungswirkungsgrad sowie auf die Festigkeits- und Dehnungseigenschaften der Garne und Gewebe
1957, 28 Seiten, 2 Abb., 3 Tabellen, DM 6,50

HEFT 452
Prof. Dr. rer. nat. W. Weltzien und Dr. phil. K. Windeck, Krefeld
Veränderungen an Fasern bei der Bleiche mit Natriumchlorid und über einige Vergilbungserscheinungen
1957, 64 Seiten, 3 Abb., 13 Tabellen, DM 14,85

HEFT 479
Prof. Dr.-Ing. W. Wegener, Aachen und Dipl.-Ing. H. Fourné, Bochum
Ursachen des Überschreitens der Toleranzgrenze nach oben oder unten (Meter pro Gramm) an der Strecke
1958, 60 Seiten, 17 Abb., 3 Tabellen, DM 14,60

HEFT 494
Dipl.-Ing. W. Rohs und Text.-Ing. H. Griese, Bielefeld
Entwicklung und Erprobung eines verbesserten elektrischen Kettfadenwächtergeschirrs für die Leinen- und Halbleinenweberei
1957, 56 Seiten, 9 Abb., 11 Tabellen, DM 13,—

HEFT 496
Dipl.-Chem. P. Vogel, Krefeld
Färberische Eigenschaften von zur Herstellung von Verdickungen in der Stoffdruckerei bestimmten Stoffen
1957, 38 Seiten, 3 Abb., 3 Tabellen, DM 9,30

HEFT 498
Prof. Dr.-Ing. H. Zahn und Dr. rer. nat. W. Gerstner, Aachen
Herstellung säurefester technischer Gewebe
1957, 40 Seiten, 8 Abb., 3 Tabellen, DM 9,65

HEFT 499
Priv.-Doz. Dr. J. Juilfs, Krefeld
Die Bestimmung des Wasserrückhaltevermögens (bzw. des Quellwertes) von Fasern
1958, 42 Seiten, 8 Abb., 8 Tabellen, DM 10,35

HEFT 500
Priv.-Doz. Dr. habil. J. Juilfs, Krefeld
Vergleichende Untersuchungen am Schopper-Scheuerprüfgerät
1958, 60 Seiten, 34 Abb., verschied. Tabellen, DM 18,10

HEFT 501
Dipl.-Ing. W. Rohs und Dr. I. Geurten, Bielefeld
Untersuchungen in der Leinengarnbleiche
1958, 50 Seiten, 5 Abb., 5 Tabellen, DM 11,50

HEFT 587
Dipl.-Ing. H. Schmidt, Krefeld
Auswirkung der Strömungsverhältnisse in Trommelwaschmaschinen unter besonderer Berücksichtigung des Durchlaufspülens
1958, 20 Seiten, 8 Abb., DM 8,45

HEFT 609
Dipl.-Ing. W. Rohs und Dipl.-Ing. L. Steinmetz, Technisch-Wissenschaftliches Büro für die Bastfaserindustrie, Bielefeld
Verteilung der Bastfasern im Verzugsfeld einer Nadelstabstrecke
1958, 42 Seiten, 10 Abb., 2 Tabellen, DM 13,45

HEFT 614
Prof. Dr. W. Weltzien, Priv.-Dozent Dr. rer. nat. habil. J. Juilfs und Dr. rer. nat. W. Bubser, Krefeld
Die Textilforschungsanstalt Krefeld 1920–1958
Ein Bericht zur Einweihung ihres Neubaus Frankenring 2
1958, 78 Seiten, 11 Abb., 5 Baupläne, DM 23,80

HEFT 621
Techn.-Wissensch. Büro für die Bastfaserindustrie, Bielefeld
Untersuchungen zur Verbesserung des Leinenwebstuhles V
1958, 42 Seiten, 6 Abb., 8 Tabellen, DM 11,30

HEFT 632
Prof. Dr.-Ing. W. Wegener, Aachen
Aufstellung und Vergleich von Variance-within- und Variance-between-Kurven von Garnen, die nach verschiedenen Spinnverfahren hergestellt werden
1958, 72 Seiten, 35 Abb., DM 19,10

HEFT 633
Prof. Dr.-Ing. W. Wegener und Dipl.-Ing. E. Haase-Deyerling, Aachen
Entwicklung und Bau eines vollautomatischen Faserlängenprüfgerätes (Stapelprüfgerät) auf kapazitiver Grundlage, Erprobungen dieses Gerätes und Vergleich mit den bislang üblichen Verfahren auf manueller Basis
1958, 32 Seiten, 15 Abb., 5 Tabellen, DM 10,10

HEFT 654
Obering. H. Stein und Text.-Ing. H. v. d. Weyden Institut für Textile Meßtechnik, M.-Gladbach Dipl.-Ing. Waldemar Rohs und Text.-Ing. H. Griese Techn.-Wissenschaftl. Büro für die Bastfaserindustrie Bielefeld
Untersuchungen an Spulvorrichtungen in der Leinen- und Halbleinenweberei
1958, 98 Seiten, 29 Abb., DM 23,80

HEFT 674
Dipl.-Ing. W. Rohs, Bielefeld
Die Ausnutzung der Garnfestigkeit in Halbleinengeweben
1958, 60 Seiten, 6 Abb., DM 14,30

HEFT 699
Dr.-Ing. Erich Wagner, Wuppertal
Studium der Drehungsverhältnisse an Perlon und Nylongarnen zur Herstellung von Strumpfgewirken
1959, 30 Seiten, 11 Abb., DM 9,20

If you have any concerns about our products,
you can contact us on
ProductSafety@springernature.com

In case Publisher is established outside the EU,
the EU authorized representative is:
**Springer Nature Customer Service Center GmbH
Europaplatz 3, 69115 Heidelberg, Germany**

Printed by Libri Plureos GmbH
in Hamburg, Germany